含镁矿物浮选体系中
矿物交互影响理论与应用

姚 金 薛季玮 著

北 京

冶 金 工 业 出 版 社

2021

内 容 提 要

本书针对复杂含镁矿物浮选体系，以菱镁矿、白云石、蛇纹石、滑石、水镁石和石英为对象，在对矿物的晶体结构、溶解组分进行分析的基础上，介绍了矿物的可浮性及矿物间的交互作用，并结合晶体结构中化学键的计算和E-DLVO理论计算探讨了矿物间交互影响的机理，最后对辽宁宽甸地区低品级菱镁矿和水镁石进行了实际矿石浮选试验验证，使精矿指标达到了工业要求。本书内容对指导含镁矿物的浮选分离和其他矿物间交互影响作用的研究具有重要意义。

本书可供选矿领域的科研、生产人员等阅读，也可作为高等院校矿物加工工程等专业师生的参考书。

图书在版编目(CIP)数据

含镁矿物浮选体系中矿物交互影响理论与应用/姚金，薛季玮著. —北京：冶金工业出版社，2021.5

ISBN 978-7-5024-8788-1

Ⅰ.①含… Ⅱ.①姚… ②薛… Ⅲ.①镁矿物—浮游选矿—研究 Ⅳ.①TD923

中国版本图书馆 CIP 数据核字(2021)第 063828 号

出 版 人　苏长永
地　　　址　北京市东城区嵩祝院北巷 39 号　邮编　100009　电话　(010)64027926
网　　　址　www.cnmip.com.cn　电子信箱　yjcbs@cnmip.com.cn
责任编辑　王梦梦　美术编辑　彭子赫　版式设计　禹　蕊
责任校对　石　静　责任印制　禹　蕊
ISBN 978-7-5024-8788-1
冶金工业出版社出版发行；各地新华书店经销；北京建宏印刷有限公司印刷
2021 年 5 月第 1 版，2021 年 5 月第 1 次印刷
169mm×239mm；12.5 印张；244 千字；191 页
66.00 元

冶金工业出版社　投稿电话　(010)64027932　投稿信箱　tougao@cnmip.com.cn
冶金工业出版社营销中心　电话　(010)64044283　传真　(010)64027893
冶金工业出版社天猫旗舰店　yjgycbs.tmall.com
(本书如有印装质量问题，本社营销中心负责退换)

前　言

　　镁是地球上储量最丰富的轻金属元素之一，被广泛应用于航天、汽车、建筑、食品、医药、耐火材料等行业，是一种重要的有色金属。中国是世界上镁矿资源最丰富的国家之一，其中菱镁矿和水镁石的储量居世界首位，远超其他国家，其他含镁资源如白云石、蛇纹石、滑石的储量也十分巨大，因此对储量丰富的镁资源进行综合利用研究对于我国和世界的工业发展都具有重要意义。近年来，随着资源的不断开发利用，我国优质镁资源开发殆尽，并且在开发利用过程中，受矿石开采能力、生产能力和技术应用水平的限制，镁资源利用率不足50%，使得大量低品级镁资源被堆弃，从而造成镁这种不可再生资源的极大浪费，因此加强对低品级镁资源的开发利用势在必行。

　　目前，国内外对低品级镁资源的开发和利用尚处于起步阶段，采用的浮选提纯技术具有成本低、效果好的特点，已经得到认可。但是，镁矿的浮选技术尚存在很多难题，主要是由于含镁有用矿物中的伴生矿物也都是其他含镁矿物，矿物可选特性相似，并且在选别过程中交互影响严重，这给有用镁矿物的分选带来了困难。因此，对含镁矿物浮选过程中各种矿物之间的交互影响的研究对于解决这些问题具有重要意义。基于此，本书针对复杂含镁矿物浮选体系，以菱镁矿、白云石、蛇纹石、滑石、水镁石和石英六种矿物作为对象，在对矿物的晶体结构、溶解组分进行分析的基础上，介绍了矿物的可浮性及矿物间的交互影响，并结合晶体结构中化学键的计算和 E-DLVO 理论计算探讨了矿物间交互影响的机理，最后对辽宁宽甸地区低品级菱镁矿和水镁石进行了实际矿石浮选试验验证，使精矿指标达到了工业要求。本书内容丰富了含镁矿物浮选的理论体系，充实了浮选体系中研究矿物浮选体系交互影响作用的方法，对含镁矿物的浮选分离和其他矿物间交互影响作用的研究也具有重要参考价值。

本书可供从事含镁矿物选矿的工程技术人员以及高校矿物加工工程专业师生和从事矿业开发利用的人员参考。

本书第 1~3 章和第 5 章由东北大学姚金撰写，第 4、6、7 章由西安建筑科技大学薛季玮撰写，姚金对全书进行了统稿。本书撰写过程中，得到了东北大学印万忠教授的指导与支持，特表示衷心感谢。同时，本书参考引用了矿物加工领域部分专家学者的著作和学术论文等文献资料，在此向这些文献资料的作者表示由衷的感谢。

由于作者水平所限，书中不当之处敬请读者批评指正。

姚　金

2020 年 10 月

目　　录

1 绪 论

镁是一种轻质有延展性的银白色金属，密度为 $1.74g/cm^3$，熔点为 648.8℃，沸点为 1107℃，属于轻金属，在地壳中的蕴藏量达到 2.1%~2.7%，在所有元素中排第七位，是仅次于铝、铁、钙居第四位的金属元素，是一种常用的有色金属。镁及其合金、镁质材料等广泛应用于航天、汽车、建筑、食品、医药、耐火材料等行业。中国是世界上镁矿资源最丰富的国家之一，镁矿资源种类较多，资源储量丰富，品位高且含杂质少，已经得到广泛的开发和利用，特别是工业上常用的固体含镁矿物如菱镁矿、白云石、蛇纹石、滑石、光卤石、水镁石等[1]。

镁的化学活性很高，在自然界中只能以化合物的形式存在，主要有碳酸盐类（如菱镁矿 $MgCO_3$、白云石 $MgCO_3 \cdot CaCO_3$ 等）、硅酸盐类（如橄榄石（$MgFe$）$_2 \cdot SiO_4$、滑石 $3MgO \cdot 4SiO_2 \cdot H_2O$、蛇纹石 $3MgO \cdot 2SiO_2 \cdot 2H_2O$ 等）、硫酸盐类（如硫酸镁石 $MgSO_4 \cdot H_2O$、钾镁矾石 $MgSO_4 \cdot KCl \cdot 3H_2O$ 等）、氯化物盐类（如水氯镁石 $MgCl_2 \cdot 6H_2O$、光卤石 $MgCl \cdot KCl \cdot 6H_2O$ 等）、氧化矿（如水镁石 $Mg(OH)_2$ 等）等，具有工业和商业价值的含镁矿物称为镁资源。镁资源分为固体资源和液体资源两大类，在世界上分布十分广泛，主要存在于菱镁矿、白云石、水镁石、光卤石矿、橄榄石矿、蛇纹石、滑石、盐矿、地下卤水以及盐湖和海水中。

1.1 中国镁矿资源概况

1.1.1 中国固体含镁矿资源储量及分布

中国菱镁矿储量位居世界的首位[2]，约为 35.64 亿吨，占世界总储量的 28.5%，其次为朝鲜、俄罗斯、斯洛伐克、澳大利亚、巴西、印度和土耳其等国家，见表 1-1。我国的菱镁矿储量及其分布见表 1-2，其中辽宁省的菱镁矿储量、产量均居中国首位，有世界"镁都"之誉，资源总储量约为 30.5 亿吨，占全国总储量的 90% 左右，以及世界总储量的 25% 以上。

表 1-1 菱镁矿主要分布国家

国家	中国	朝鲜	俄罗斯	斯洛伐克	澳大利亚	巴西	印度	土耳其
储量/亿吨	35.64	30	27	12.4	7.4	6.2	2.4	1.2

表 1-2 我国菱镁矿的储量及其分布

省份/自治区	辽宁	山东	西藏	河北	新疆	甘肃	四川
储量/亿吨	30.52	3.48	0.57	0.33	0.31	0.31	0.07
占比/%	85.63	9.77	1.60	0.92	0.87	0.86	0.20

菱镁矿资源在我国的分布集中，矿床巨大，并且通常矿体较厚、埋藏较浅、易于开采，这些菱镁矿的品位高、杂质少，具有很高的工业利用价值，如长50km，宽2~6km 的辽宁海城-大石桥菱镁矿矿体。我国已经探明的菱镁矿矿床有27处，大型矿床（储量0.5亿吨以上）有11处，探明储量28.62亿吨，占全国储量的92%。中型矿床（储量0.1亿~0.5亿吨以上）有5处，探明储量达1.26亿吨，占全国储量的4.0%左右。小型矿床（储量0.1亿吨以下）有11处，探明储量1.3亿吨，占全国探明储量的4.0%。

水镁石矿床在世界范围内的分布不广，而且矿床规模一般较小，主要集中在俄罗斯、美国、加拿大、朝鲜、挪威等国。近年来，我国相继在陕西宁强、青海祁连山、四川石棉、吉林集安、河南西峡、辽宁凤城和宽甸等地发现并着手开发水镁石[3]。到目前为止，我国已探明的水镁石资源总储量超过3000万吨，主要分布在辽宁丹东凤城和宽甸地区，纤维状水镁石则蕴藏于陕西、河南等省。我国水镁石储量规模远超过俄罗斯（1240万吨）和美国（1100万吨），居世界之首[4]。据目前已知的资料：辽宁凤城鸡冠山镇、太阳沟、刘家河镇和徐家台等地区拥有我国最丰富的水镁石资源，储量为1000万吨；陕西宁强已探明水镁石储量为780万吨；吉林集安已探明水镁石储量为200万吨。矿石的质量、规模和开采条件也均以辽宁省的水镁石资源最好，辽宁省宽甸的水镁石矿接近水镁石的理论质量[5]。

白云石资源在我国分布广泛、蕴藏丰富，多分布在碳酸盐岩系中，已勘明矿区有208处左右，保有储量达到82.2亿吨，产地遍布全国，并且各地矿床多已开发利用，其中辽宁营口的大石桥、海城地区产量最多。内蒙古的桑干、福建的建瓯有白云石矿床产出，在辽东半岛、冀东、内蒙古、山西、江苏等地也有大型矿床产出。白云石矿床在湖北、湖南、广西、贵州、陕西等地也分布较多。

滑石矿主要分布在美国、巴西、中国、印度、澳大利亚、法国和芬兰等国家，据美国 USGS 的资料，滑石的基础储量美国列第一位（5.4亿吨），巴西列第二位（2.5亿吨），中国列第三位（2.47亿吨），滑石的储量及分布见表 1-3。中国滑石矿产资源丰富，现在是世界最大的滑石生产国家，但是矿床分布极不均匀，江西、辽宁、山东、广西、青海5省区占全部储量的95%，而幅员辽阔的西部地区，滑石矿床极少，且规模小。中国大部分滑石矿属于低铝铁质型，即 Al_2O_3 含量小于4%，Fe_2O_3 含量小于2.75%，白度通常在80%~92%范围内。我国的滑石矿伴生矿物中以碳酸盐矿物占主导地位（如方解石、白云石、菱镁矿、绿泥石、石英、透闪石、蛇纹石和云母等）[6]。

表1-3 滑石的储量及分布

国家	美国	巴西	中国	印度	日本	韩国
储量/亿吨	5.4	2.5	2.47	0.01	1	0.14

蛇纹石资源在我国分布也很广泛，探明储量达到15亿吨以上，也是一种优势矿产资源。全国保有储量中，西部地区占98%，其中可开采蛇纹石储量占总量的99%。蛇纹石储量最多的是青海省，占全国总储量的62.76%；其次是四川省，占19.55%；陕西省占11.64%，居第三位，这三省储量合计占全国总储量的96%。

1.1.2 中国的镁资源开发与利用现状

据美国地质调查局统计，2009年世界菱镁矿产量为1900万吨/年，其中中国为1100万吨/年，占58%。我国菱镁矿主要应用于以下几方面[7]：

（1）高级耐火材料。将重烧菱镁矿制成细砂或细粉，通过冶金方法制成冶金砂或冶金粉，用作冶金炉的炉膛、炉底和炉衬，还可以制成镁砖、铝镁砖、铬镁砖，这些材料的耐火度均在2000℃以上。

（2）黏性材料。它主要是将轻烧菱镁矿与氧化镁或硫酸镁溶液配成含镁水泥，这种水泥具有高度黏结性和可塑性，凝固时间短，与有机物质结合力大，硬化后很坚硬而且色泽亮丽，用作建筑材料具有良好的耐磨性能，硬度、弹性比一般的水泥好，还具有良好的绝热和隔音性能。

（3）提镁原料。与其他金属熔合成为密度小、强度高、力学性能良好的多种轻合金，可以用于制造飞机、雷达部件、卫星、导弹、机械制造、汽车、纺织、建筑、电子、光学机械、轻工产品、发光剂、化学药品等。

（4）镁质化工材料。轻烧菱镁矿经过化学处理，可以制成多种镁化合物用作医疗药剂、橡胶硫化过程沉淀加速剂和填料，还可以用作陶瓷产业的混合原料来生产陶瓷制品及高端国防工业所需的具有高耐火度、能承受强大机械振动和冲击的工程陶瓷制品。

水镁石的主要应用：

（1）高档阻燃和耐火材料。目前主要用于高档无卤阻燃剂和高级耐火材料生产，是无机阻燃剂生产、冶炼过程所需的高级耐火材料的理想原料。水镁石是制造无烟、无卤、无公害的阻燃耐火产品的填充材料，广泛用于EVA、PE交联电缆、低烟PVC电缆、家用电缆材料和防火涂料中，具有热脱水温度高、加工性能好等特点，是含卤阻燃剂和抑烟剂理想的替代品。

（2）制取高纯氧化镁。与海水、卤水和菱镁矿等原料相比，水镁石具有投资少、成本低、无污染等多方面优势。另外，还可以从水镁石中提取金属镁或制造镁合金，大量用在军事、国防等高端领域的高技术产品上，还可用于制造机械、汽车、电子、光学仪器、轻工产品等领域。

（3）其他行业。水镁石可用于冶金熔剂，防热、保温、隔音等建筑材料。此外，大量用于制造照明弹、燃烧弹、化学药品及闪光灯等方面，还广泛用于造纸业和环保业，作为烟气脱硫剂和处理酸性废水等。

白云石的主要应用：

（1）耐火材料。大量应用在炼钢电炉、平炉、转炉、水泥烧成窑、有色金属冶炼炉等炉衬和炉壁中作为耐火材料，对碱性炉渣的侵蚀抵抗能力强，可以大大延长炉体寿命。

（2）高炉冶炼熔剂、烧结球团配料溶剂。炼铁时加入一定量白云石可以稀释炉渣，降低炉渣熔点，从而改善冶炼条件和生铁质量。炼钢造渣时加入一定量的白云石，可以抑制炉衬材料中的氧化镁向渣中溶解，起到保护炉衬的作用。

（3）建筑业。用轻烧白云石可以制造黏性材料，如气硬性白云石灰、水硬性白云石灰和镁水泥制品。白云石还能增加玻璃的强度和光泽。以白云石为配料生产的陶瓷称为"白云石陶器"。

（4）其他行业。化学工业中利用白云石生产硫酸镁、含水碳酸镁和制糖的配料。白云石可用于橡胶、造纸和制药业的填料，优质白云石粉可做昂贵的二氧化钛填料代用品。

蛇纹石的主要应用：

（1）耐火材料。随着科学技术的发展，许多尖端技术如原子能、火箭等都需要具有特殊性能的耐火材料。唐山钢铁厂、重庆钢铁厂等以蛇纹石为原料分别制成了焦炉砖、镁橄榄石砖等。

（2）陶瓷原料。镁质陶瓷透明度高，釉面光润柔和、呈蓝绿色调，白度达80%以上。

（3）氧化镁原料。通过活化煅烧或酸浸制取氧化镁。

（4）生产钙镁磷肥的配料等。

滑石在工业上的应用常以两种状态出现，一种为粉状，另一种为块状。滑石的主要应用：

（1）滑石块的用途。高频和超高频电瓷绝缘材料，可用于无线电接收机、发射机、电视、雷达、无线电测向、遥控和高频电炉工程等；滑石粉笔；雕刻工艺美术品、日用滑石制品、绝缘材料等。

（2）滑石粉的用途。用于造纸工业、油毡工业、日用化学工业、橡胶电缆工业、陶瓷工业、油漆工业和纺织工业等。

1.1.3 中国镁资源的应用前景

随着我国对镁工业的重视程度增加、我国经济的不断发展以及相关领域的技术进步，未来我国的镁质材料行业将通过开发新产品、新技术和新工艺，赶上或者超过世界先进水平，我国企业的创新能力也将不断提高，国际竞争力不断加强。未来我国镁资源主要应用于优质镁质耐火材料、化工原料、金属镁及其合金以及其他领域。

中国是世界耐火材料的最大消费国，随着冶金、建材等行业的稳步发展，耐火材料需求总量将继续保持快速增长的趋势。中国镁质耐火材料的生产量、出口量逐年增加，见表1-4。目前，镁质耐火材料行业正处于发展的黄金时期，具有广阔的市场前景，并且得到了国家政策的大力支持，今后该行业的发展将会在这些条件下得到促进。镁质材料将主要向着长寿命、低消耗、高性能和有利于环保和生态的方向发展。镁质化工材料产品将逐渐向系列化、功能化、细微化和能满足各类用户需求的方向发展。多种原料路线、多种工艺方法生产镁质化工材料的局面在中国已初步形成，成为中国发展镁质化工材料的优势。

表1-4 中国镁质耐火材料制品进出口情况

年 份	出口数量/t	金额/万美元	进口数量/t	金额/万美元
2004	579961.1	24921.1	49081.79	4278.07
2005	672919.2	31273.31	38289.67	3099.29
2006	931961.9	41807.43	25543.57	3100.49
2007	1527819	29805	30373	585
2008	1297724	44614	85100	1641

近几年镁及镁合金工业迅速发展，在原镁生产方面凭借资源、能源、成本和产业创新的绝对优势占据了领先地位，镁金属已经在我国的有色金属产业中跻身为铝、锌、铜、铅之后的第五大金属。镁工业的建设应成为我国国家资源战略和产业竞争战略的一项重要内容，使我国镁行业形成从基础研究、应用研究到产品开发的完整研发体系，从原料生产到产品加工建成完整的产业链，实现跨越式发展，形成镁制品的产业化，赶超世界先进水平。

镁质材料在各行各业中都有着重要的作用和价值。在陶瓷行业，和用氧化铝生产的陶瓷相比，用氧化镁生产的陶瓷具有很多优势，如导热性好、体积阻力大、介电损失小以及硬度高等。只有提供了超微细的原料粉末和完美的烧结技术，才能制作出精细的陶瓷。在日本已有形状记忆合金等高技术领域新合金熔融用陶瓷材料问世。另外，高纯度的电熔氧化镁晶体具有很好的耐高温性和透光性，将成为航空、航天工业领域及高温光学材料的主要原料。在核工业中，要提纯和冶炼铀离不开氧化镁，调节 pH 值在铀的选矿过程中具有重要作用，而轻质氧化镁是首选的材料。由于氧化镁晶体具有耐高温性和热稳定性，因此铀的冶炼炉广泛地采用氧化镁材料。镁还可作为农业的肥料，含镁物质是农作物生长中不可缺少的微量元素，常用的含镁肥料有：硝酸镁、硫酸镁、硫酸钾镁、氢氧化镁、氧化镁、磷酸铵镁等。

1.1.4　中国镁资源利用存在的问题

镁资源的利用效率低下和镁资源的浪费是我国目前镁资源利用存在的主要问题，另外具有高技术含量和高附加值的镁制品开发和生产的滞后也限制了我国丰富的镁资源能够带来的经济效益。由于许多个体私营性质的镁矿开采公司拥有了镁矿的开采权和使用权，在强大的经济利益驱动下就会尽最大能力进行开采，而没有顾及或顾及不到资源的综合利用和长远规划问题，因此我国镁矿的整体开采处于一种无序和无度的状态。许多企业的矿石开采能力、生产能力以及技术应用水平都非常有限，所以在生产过程中矿石的利用率极低，有的只能达到 50% 的利用率，从而造成对镁这种珍贵的非再生资源的极大浪费。目前生产的镁质产品的质量不够稳定，而且高附加值的产品在产品总量中所占比例太小，从而形成了产品的品种结构不合理的局面，目前出口到日本、美国、澳大利亚以及欧洲各国的镁质材料产品仍主要以粗加工的镁原料为主，在镁质材料生产过程中还会造成环境污染等问题。

中国的镁工业要想取得更大的发展，需要进一步提高资源的利用率，优化产品结构，生产高附加值、高科技含量的镁制产品，扩大国内镁市场和应用领域，促进镁制品的生产和研发，增强国际竞争力。同时，还须下大力气提高镁质材料原料的质量，节能降耗，走循环经济之路。

1.2　含镁矿物浮选研究现状

尽管含镁的矿物多种多样，但目前开发利用的含镁矿物主要是菱镁矿、水镁石、白云石、蛇纹石和滑石等。目前，对于含镁矿物浮选的研究也是以菱镁矿、白云石和水镁石居多，而蛇纹石往往是作为浮选过程中对浮选不利的脉石矿物来研究，滑石的天然可浮性好，对其浮选的研究也有一定的局限性。

1.2.1　菱镁矿与白云石的浮选研究现状

1.2.1.1　浮选工艺流程的研究现状

菱镁矿中的脉石矿物一般有石英、蛇纹石和滑石等硅酸盐矿物以及白云石等碳酸盐矿物。菱镁矿的浮选一般是采用反—正浮选的原则流程，即先通过反浮选去除硅酸盐类脉石矿物（如石英和蛇纹石、滑石等）；再在碱性矿浆中，用脂肪酸类捕收剂及有效抑制剂，抑制其他脉石矿物的方法来正浮选菱镁矿[8]。

沈阳铝镁设计院的于传敏[9]根据伊朗某地菱镁矿的成矿特性和矿石工艺矿物学特性，设计了"一次磨细—正浮选"的工艺，采用 SBJ 系列浮选药剂实现有效分散—强化捕收，对低品位菱镁矿进行选矿脱硅，获得了较好的技术指标：精矿含 MgO 为 45.49%，SiO$_2$ 为 2.15%，MgO 回收率为 46.55%。

张一敏对辽宁镁矿公司桦子峪三级菱镁矿的浮选提纯方法进行了研究，提出了一粗一扫反浮选硅酸盐矿物和一次正浮选菱镁矿的工艺流程，获得了 MgO 含量为 47.48% 的精矿[10]。

程建国和余永富[11]对海城三级菱镁矿进行了浮选提纯研究，通过对矿石性质和生产现状的考察及实验室试验，采用了反浮一粗一精闭路—正浮一精开路的工艺流程。采用盐酸、水玻璃、十二胺的药剂方案进行反浮选，使反浮选的脱硅效果显著提高；采用水玻璃、六偏磷酸钠和 SM 捕收剂正浮选菱镁矿，取得了很好的效果。通过工业试验可获得产率 47.74%，MgO 为 47.48%，SiO$_2$ 为 0.14%，CaO 为 0.51% 的高纯镁精矿。

对某些含铁的菱镁矿可采用磁—浮联合流程，通过强磁选先把铁矿物除去，周文波、张一敏[12,13]针对伊朗隐晶质菱镁矿采用预先强磁除铁、反浮选脱硅和正浮选菱镁矿的磁—浮联合流程结构，使菱镁矿精矿回收率提高了 3%，铁含量下降 30%，捕收剂用量减少 10%。G. N. Anastassakis[14]研究了通过磁载体分离菱镁矿与细粒蛇纹石的方法，在有无十二胺的条件下测量了菱镁矿、蛇纹石以及磁铁矿的动电位，对颗粒间的结合能进行了计算，发现在不加表面活性剂时，磁包裹体只在特定 pH 值条件下出现；在添加表面活性剂之后，并且 pH 值在 6~11 之间，磁铁矿能被蛇纹石强烈吸附，形成磁包裹体，而菱镁矿只在 pH 值大于 9 时形成弱的磁包裹体，从而实现分离菱镁矿和细粒蛇纹石的目的，通过人工混合矿试验验证了这一结论。

夏云凯等人[15]对辽宁海城英落镇菱镁矿进行了浮选试验研究，针对菱镁矿中脉石杂质的赋存特点，研究了实现镁钙有效分离的方法，引入了在常规反正浮选流程前的脱泥工艺，由含 MgO 46.69%，SiO$_2$ 0.78%，CaO 1.10% 的原矿取得了含 MgO 47.50%，SiO$_2$ 0.05%，CaO 0.34%，回收率 74.98% 的精矿。

徐和靖、李新泉[16]对浮选柱分选白云石含量高的阿尔吉特（科尼亚）细粒菱镁矿的方法进行了研究，用浮选柱分选时菱镁矿和白云石单矿物选择性最好，但是选择性和 MgO 的回收率在用人工混合矿和原矿选别时都有明显的下降，最适宜的浮选柱分选条件为：捕收剂油酸钠 400g/t，抑制剂硅酸钠 400g/t，pH 值控制在 10~11，矿浆浓度为 10%。

付亚峰、印万忠等人[17]针对辽宁海城某高硅高钙低品级菱镁矿选矿除杂的问题，进行了系统的矿石性质和可选性试验研究。试验结果表明，高硅高钙高铁型低品级菱镁矿采用反浮选脱硅—正浮选提镁脱钙—强磁选除铁的联合工艺流程，由含 MgO 43.21%，CaO 1.18%，SiO_2 2.20%，Fe_2O_3 2.43%的原矿获得了含 MgO 47.13%，CaO 0.21%，SiO_2 0.18%，Fe_2O_3 0.30%，MgO 回收率 60.21%的最终菱镁矿精矿，达到了脱硅、脱钙和除铁的目的。

李强[18]对高硅高钙低品级菱镁矿进行了浮选试验研究，在工艺矿物学研究的基础上，结合单矿物浮选的试验结果，确定了菱镁矿与脉石矿物分离的原则工艺流程为反浮选脱硅—正浮提镁的工艺流程。通过条件试验确定了最佳的浮选条件和工艺流程，捕收剂为一种新型脂肪酸类捕收剂。当原矿含 MgO 42.81%，SiO_2 2.33%，CaO 4.88%时，经过一粗二精反浮选脱硅——一粗二精正浮选提镁的闭路流程试验可以获得含 MgO 47.48%，SiO_2 0.21%，CaO 0.76%，MgO 回收率 65.43%的菱镁矿精矿。

1.2.1.2　浮选药剂的研究现状

卢惠民、薛问亚[19]根据海城低品级菱镁矿的性质和特点，研究矿石中的主要矿物菱镁矿、滑石和石英的单矿物在用醚胺为捕收剂时的浮选行为，确定了使用醚胺的反—正浮选菱镁矿选别流程，适用于高硅低钙型菱镁矿石，由含 MgO 46.48%，SiO_2 2.34%，CaO 0.79%的原矿取得了含 MgO 47.50%，SiO_2 0.10%，CaO 0.64%的精矿。

Botero[20]进行了用生物捕收剂 *Rhodococcus opacus* 细菌分离方解石和菱镁矿的研究，对 *R. opacus* 菌与方解石和菱镁矿作用前后的电泳迁移率和在矿物表面的吸附速率等进行了测定，发现这种细菌对菱镁矿的亲和力强于对方解石的亲和力，并且细菌在这两种矿物表面上有很快的吸附速度，仅在 5min 之后吸附量就达到了最大。菱镁矿浮选回收率在 pH 值为 5.0、*R. opacus* 菌浓度为 10^{-4}（100ppm）时为 93%，方解石浮选回收率在 pH 值为 7.0、*R. opacus* 菌浓度为 $2.2×10^{-4}$（220ppm）时为 55%，说明了生物捕收剂 *R. opacus* 菌具有很大的潜力。

李晓安、陈公伦[21]进行了以十二烷基磷酸酯为捕收剂，分离菱镁矿和白云石的浮选试验。研究发现在加入适当的抑制剂后，一定条件下两种矿物的可浮性存在明显的差异，并且在用十二烷基磷酸酯作捕收剂、水玻璃作抑制剂的情况下，能很好地去除人工混合矿中的氧化钙杂质。

王金良、孙体昌[22]对粒度和调整剂对石英和菱镁矿浮选分离的影响进行了研究。考察了菱镁矿的可浮性与粒级的关系，研究了含钙的盐类化合物调整剂 KD-1 和苛性玉米淀粉对单矿物浮选回收率的影响。由试验结果可知，菱镁矿的上浮率随着粒度的逐渐减小而增加，说明是由于泡沫的机械夹带作用使得细粒菱镁矿上浮；泡沫的黏度可以被调整剂 KD-1 减弱增加泡沫的流动性，从而有利于石英与菱镁矿的分离；苛化玉米淀粉能够对细颗粒菱镁矿产生抑制作用，而对石英有比较复杂的影响。

周文波、张一敏[23]研究了选择性浮选分离隐晶质菱镁矿和白云石的方法，采用油酸钠作为捕收剂，对水玻璃、六偏磷酸钠、氟硅酸钠等调整剂在钙镁分离的影响进行了考察，并用菱镁矿和白云石的人工混合矿进行了浮选研究。结果表明，菱镁矿和白云石分离的最佳条件为：pH 值为 10.5，捕收剂用油酸钠，调整剂用六偏磷酸钠来抑制白云石，能够实现钙镁分离的调整剂最好的是六偏磷酸钠，其次为水玻璃和氟硅酸钠。

1.2.1.3 浮选机理的研究现状

Škvarla[24]对细粒菱镁矿和白云石的动电位采用 ELS 技术进行了测量，发现菱镁矿与白云石的表面电性符号分别在浓度为 2000mg/L、800mg/L 时改变，矿物的动电位在矿物浓度由 100mg/L 增加到 5000mg/L 时，从 −20mV 增加到 +15mV。由于白云石晶格中有 Ca^{2+}，白云石的表面电性变化很大，但是这个现象在菱镁矿中表现并不明显。

Gence[25]研究了在电解质溶液中白云石和菱镁矿的表面电性与 pH 值的关系。两种矿物的表面特性与溶液中的 Mg^{2+}、Ca^{2+}、Na^+、CO_3^{2-} 等离子有一定的关系。白云石和菱镁矿的等电点在去离子水中分别是 6.3 和 6.8，定位离子是 H^+ 和 OH^-。Gence[26]还对白云石和菱镁矿的表面润湿性进行了研究，这两种碳酸盐矿物具有相似的晶体结构和化学组成，以及相似的可浮性。在浮选分离过程中起到关键性作用的是矿物的表面特性，菱镁矿和白云石在纯水中的接触角很小（菱镁矿 10.4°，白云石 6.6°），都是亲水性矿物，菱镁矿与白云石的接触角在与石油磺酸钠作用后分别为 9.7°、10.9°，但在油酸钠作用后，接触角分别增大为 79°、39°，菱镁矿明显地表现出了疏水性。

宋振国、孙传尧[27]采用钢球和氧化锆球两种球介质，研究了磨矿介质对菱镁矿表面性质和菱镁矿在油酸钠浮选体系中浮选回收率的影响。试验结果表明，当采用氧化锆球介质磨矿时，菱镁矿的浮选回收率在油酸钠浮选体系中较大。pH 值条件试验结果表明，当 pH 值为 9 时浮选回收率最高，菱镁矿的浮选回收率在用氧化锆球介质湿磨时为 89.66%，在用钢球介质时则为 69.64%。菱镁矿的浮选回收率随着油酸钠用量增加也逐渐增加，当用氧化锆球、钢球介质湿磨菱镁矿，油酸钠用量为 $9×10^{-5}$mol/L 时，浮选回收率分别为 96.94% 和 84.66%。

陈公伦、李晓安[28]研究了浮选分离菱镁矿和白云石时十二烷基磷酸酯的作用机理。研究结果表明，十二烷基磷酸酯主要以化学作用吸附在两种矿物表面上，并生成对应的表面化合物，对白云石的捕收性能明显强于菱镁矿；水玻璃主要以化学作用吸附在两种矿物的表面，对菱镁矿的作用略强于白云石；磷酸钙在水中的溶解度较小，而磷酸镁不属于难溶盐，磷酸钙与磷酸镁的溶解度相差很大，磷酸根离子对钙离子的亲和力大于对镁离子的亲和力，所以在菱镁矿和白云石的表面含有磷酸根离子的磷酸酯的吸附可能具有选择性。捕收剂的碳链长度与捕收能力大小有关，碳链越长疏水能力则越强，但过长则会使捕收剂的溶解度下降、分散不好，反而降低捕收能力。由此可知，菱镁矿和白云石可能采用十二烷基磷酸酯作为捕收剂实现分选。

Botero[29]研究了 R. opacus 菌与菱镁矿的作用机理。通过红外光谱分析发现菱镁矿表面与 R. opacus 菌细胞壁发生了化学作用，菱镁矿的接触角发生了改变，并且计算了界面张力，计算结果符合 DLVO 以及 E-DLVO 理论。

纪振明、田鹏杰等人[30]研究了菱镁矿与浮选药剂的作用机理。通过测量石英和菱镁矿的动电位以及红外光谱分析，推测十二胺在石英和菱镁矿的表面是物理静电吸附，并且由于负电性强弱差异产生浮选差，而油酸钠在菱镁矿表面为化学吸附。阳离子捕收剂十二胺在酸性条件下对菱镁矿和石英捕收性能都不好，在碱性条件时捕收菱镁矿的回收率在 60% 左右，而石英的回收率在 95% 以上，有一定的浮游差。阴离子捕收剂油酸钠对两种单矿物的捕收能力存在明显差异，但由于矿石中存在的金属离子难免离子活化了石英，因此直接用油酸钠浮选实际矿石并不能分离石英和菱镁矿。

张志京、毛钜凡[31]研究了以油酸钠作为浮选捕收剂时，菱镁矿和白云石的可浮性以及油酸钠在矿物表面的吸附机理。研究结果表明，矿浆中的油酸根离子-分子缔合物是使菱镁矿浮游的主要药剂组分。在中性和碱性矿浆中，油酸钠在菱镁矿表面发生的主要是化学吸附。

李强等人[32]通过对菱镁矿单矿物动电位的测试以及单矿物浮选试验，研究了在油酸钠和十二胺体系下六偏磷酸钠、水玻璃以及多种金属离子对菱镁矿单矿物可浮性的影响，发现在油酸钠和十二胺体系中，六偏磷酸钠、水玻璃对菱镁矿具有一定抑制作用；在弱碱性条件下水玻璃抑制作用强，随着 pH 值升高，抑制作用减弱。还发现，金属阳离子能使菱镁矿等电点向碱性方向移动，三价离子能大幅度提高动电位；在油酸钠或十二胺体系中，金属离子的添加在一定程度上均能降低菱镁矿的回收率。

1.2.2　蛇纹石浮选研究现状

蛇纹石是一种硫化矿和含镁矿物中常见的伴生矿物，经常给硫化矿和含镁矿物的浮选带来不利影响，对蛇纹石浮选研究主要是作为脉石矿物来进行的。国内外的学者对蛇纹石的晶体结构、表面性质、可浮性以及捕收剂、抑制剂的作用机理进行了很多研究。

卢毅屏等人[33~35]研究了微细粒蛇纹石的可浮性、蛇纹石与黄铁矿的异相凝聚和分散及其对浮选的影响，并进行了机理分析。研究结果表明，蛇纹石的润湿接触角为 37.6°，天然可浮性差；蛇纹石的浮选回收率随着颗粒粒度的减小以及矿浆浓度的增大而升高；起泡剂对蛇纹石的表面电性和润湿性影响不大，而在微细粒蛇纹石的浮选中，不同起泡剂种类和用量下的泡沫水回收率与矿物浮选回收率具有良好的对应关系，因此可以推测泡沫夹带是蛇纹石浮选进入精矿的重要原因。在 pH 值为 7~10.2 时，蛇纹石与黄铁矿表面间静电力表现为引力，颗粒间的异相凝聚严重，而且当蛇纹石量占黄铁矿量的 5% 时，就会显著降低黄铁矿回收率。其原因是蛇纹石异相凝聚于黄铁矿的表面，不仅自身的可浮性差，还会降低戊基黄药在黄铁矿表面的吸附量，增加捕收剂用量或添加六偏磷酸钠均能有效改善黄铁矿的浮选，因为六偏磷酸钠可以使蛇纹石表面 ζ 电位由正转负，有效减弱异相凝聚，因此蛇纹石对黄铁矿浮选的不利影响可以被六偏磷酸钠显著降低，在碱性条件下它能使蛇纹石与黄铁矿分散，提高在黄铁矿表面黄药的吸附量。通过溶出蛇纹石表面的镁并在其表面吸附，六偏磷酸钠降低了蛇纹石的等电点 pH 值并增强其负电性；蛇纹石与黄铁矿间的总 DLVO 相互作用能在六偏磷酸钠的作用下由引力位能转变为斥力位能。

　　王虹、邓海波[36]研究了浮选过程中蛇纹石对硫化铜镍矿的影响。研究结果表明，蛇纹石对硫化铜镍矿浮选的影响机理有三个方面：蛇纹石上浮进入精矿是因为自身具有一定的天然可浮性；蛇纹石的自然表面电位与镍黄铁矿相反，在浮选的 pH 值范围内，蛇纹石矿泥覆盖在有用矿物表面；含镁矿物被存在于矿石中的铜矿物或镍黄铁矿表面上溶解下来的铜组分和镍组分活化，或者被为了提高镍黄铁矿的浮选速度而添加的铜组分活化。捕收剂与硫化矿作用的电化学机理研究表明，硫化铜镍矿可以通过化学调节矿浆电位极化，而使表面反应按照一定方向进行，精矿品位和回收率可以有效地提高，精矿中氧化镁含量也可以降低。

　　唐敏、张文彬[37~40]研究了低品位铜镍硫化矿浮选中蛇纹石的行为、在微细粒铜镍硫化矿浮选中蛇纹石类脉石矿物的浮选行为、微细粒铜镍硫化矿浮选的疏水絮凝机制以及浮选的流程选择，通过 OLYMPUS 矿物显微镜在水中观测，推断精矿中 MgO 含量不下降的主要原因是部分脉石矿泥被有用矿物疏水絮团机械夹带一起进入精矿；通过分析和计算发现，蛇纹石对镍黄铁矿和非硫化脉石矿物粗颗粒表面的黏附是非选择性的；微细粒铜镍硫化矿的絮凝浮选过程中蛇纹石类脉石的可浮性与抑制剂、分散剂的种类和用量有关，与磨矿细度密切相关，与组合捕收剂的用量关系不大；影响疏水絮凝的主要因素有：颗粒粒径、矿物浓度、组合捕收剂的种类和用量、分散剂和选择性抑制剂的种类和用量等；采用阶段磨矿和选别的流程，能取得令人满意的效果。

　　李治华[41]研究了在镍黄铁矿浮选中含镁脉石矿物蛇纹石、橄榄石和辉石的影响，查明了产生影响的原因、程度和作用机理，并找到了防止或消除其影响的方法，主要借助了显微电泳试验、电镜扫描检查、吸附试验、微型浮选试验和产物物质组成等研究方法。镍黄铁矿的浮选由于矿泥覆盖受到抑制，动电位、矿泥覆盖、浮选行为之间存在着密切的关系。试验表明，控制动电位可以控制矿泥覆盖，从而控制浮选行为。镍黄铁矿浮选被矿泥覆盖抑制的原因是，气泡向矿粒的附着被矿泥覆盖机械地阻碍了，使浮选状态恶化，镍黄铁矿的浮选因此受到抑制。

国内多名学者[42~44]对硫化铜镍浮选中降低镁含量进行了研究，在磨浮工艺流程、酸法浮选、降镁药剂方面取得了一定进展，论述了蛇纹石对硫化铜镍矿的影响方式，通过新型起泡剂、组合调整剂、阶段磨矿、酸浸等方式可以降低硫化铜镍矿中 MgO 含量，提高精矿质量，并分析了 CMC、六偏磷酸钠、水玻璃等对蛇纹石抑制剂作用的机理。

镍黄铁矿浮选过程中脱出蛇纹石的研究结果表明[45~49]，六偏磷酸钠和水玻璃起分散和抑制作用主要是通过生成亲水性配合物，改变了蛇纹石的表面电性而产生，CMC 主要通过氢键及与蛇纹石表面的金属离子发生化学吸附而起絮凝和抑制作用，六偏磷酸钠和水玻璃主要通过生成亲水性的配合物，改变蛇纹石的表面电性而起分散和抑制作用；使用乙黄药与丁铵黑药的组合捕收剂和脉石矿物抑制剂改性羧基甲基纤维素可获得高品质精矿，铜、镍回收率也较高，捕收剂合理搭配使用能发生"共吸附"，产生"协同效应"。碳酸钠和 CMC 可以提高镍黄铁矿的浮选速率和回收率，碳酸钠中的碳酸根离子提高了颗粒在矿浆中的分散程度，而 CMC 则有助于脱除附着在镍黄铁矿表面的泥质颗粒。添加苏打灰和 CMC 可以提高镍黄铁矿的浮选速率和回收率。

丁浩、何少能[50]进行了以 FL 作捕收剂浮选分离水镁石和蛇纹石的研究。试验结果表明：以 FL 作捕收剂，六偏磷酸钠作调整剂，可以扩大水镁石与蛇纹石的可浮性差别；水镁石解理面上 Mg^{2+} 是水镁石与 FL 作用的活性质点。

G. 别拉尔迪斯科[51]在酸性介质中从含橄榄石和蛇纹石矿石中浮选铬铁矿，在研究橄榄石、蛇纹石和铬铁矿与溶液中经常存在的钙镁离子和浮选药剂（EDTA 和油酸盐）之间的物理和化学作用的基础上，对不同类型的铬铁矿矿石进行了验证试验。试验结果表明，在 pH 值为 2.5 和 5.5 时，有或没有 EDTA 存在时用油酸盐作捕收剂浮选预先脱泥的矿石，可从蛇纹石和橄榄石中浮选分离出铬铁矿。浮选精矿 Cr_2O_3 品位为 50% 以上，其回收率超过 65%。

D. 福马西罗[52]研究了在石英、蛇纹石和绿泥石浮选中 Cu(Ⅱ) 和 Ni(Ⅱ) 的活化作用，确定了 Cu(Ⅱ) 和 Ni(Ⅱ) 能够活化蛇纹石和绿泥石以及石英，并且使它们在 pH 值为 7~10 范围内被黄药浮起。Cu(Ⅱ) 和 Ni(Ⅱ) 的羟基络合物在该 pH 值范围内呈稳定状态，并形成疏水的黄原酸组分、黄原酸铜和双黄药在矿物表面吸附或沉淀，从而促进黄药的吸附，使这些矿物实现浮选。铜离子在 pH 值为 7~10 范围内，对这些矿物的活化能力比镍离子强得多，尤其是蛇纹石和绿泥石，在加入硫酸铜活化浮选速度慢的镍黄铁矿时，也可能进入浮选精矿中。

1.2.3 滑石浮选研究现状

1.2.3.1 滑石的可浮性研究现状

A. 叶海[53]用接触角测量、浮选试验和动电位测量研究了纯滑石的天然可浮性。采用聚丙烯乙二醇作起泡剂可在短时间内获得高的浮选回收率。研究了 pH 值和起泡剂用量对浮选过程的影响，获得的滑石粗精矿含 60%滑石，滑石回收率为 90%。粗精矿再磨至 125μm 以下，然后用预先确定的最佳浮选条件再浮选，得到粗精矿含 48.69%滑石，精选精矿含 93.5%滑石，其回收率为 70%。

郭梦熊[54]研究了胺类等不同种类药剂及不同 pH 值等条件对海城滑石浮选的影响。研究发现，在酸性和中性条件下阳离子胺类是最理想的滑石捕收剂，醚胺在滑石浮选中同十二胺效果相近，但应与起泡剂联用，油酸钠在低药剂用量时不能浮选滑石。直链胺类捕收剂对滑石的捕收能力随碳链变长上升，选择性下降。

P. R. A. Andrews[55,56]进行了魁北克滑石矿半工业浮选试验，在预先磨矿和新磨矿两种情形下进行试验，获得了精矿品位和回收率相似的浮选结果，同时给出了各种试验条件，特别是合适的磨矿粒度。以矿物表面电荷及吸附机理解释了滑石与菱镁矿的浮选分离。其中粗选 Dowfroth250 捕收剂用量为 45g/t 时，得到的精矿含滑石为 95.9%，其回收率为 75.3%，粗选的捕收剂用量增至为 76g/t 时，可把精矿的回收率提高到 82.0%，但其品位较低，为 92.7%。

章云泉[57]进行了广东某滑石矿提纯工艺的初步研究，以广东某滑石矿为研究对象，初步探索浮选、化学漂白及酸浸对滑石提纯的可能途径，考察了不同因素对提纯效果的影响。研究表明，在无捕收剂条件下，松醇油、正辛醇、乙基醚醇、新 2 号油、MIBC 浮选滑石所得纯度相近，抑制剂的选择在滑石与共生脉石浮选分离时是关键，水玻璃优于六偏磷酸钠；滑石浮选适合在中性偏酸性范围；在滑石浮选时 KCl 无机盐有一定的活化作用。

1.2.3.2 滑石与其他矿物分离研究现状

滑石的天然可浮性好，经常作为脉石矿物存在而严重影响硫化矿的浮选，不仅增加了药剂消耗，而且影响了浮选指标。通过脱泥等方法预先浮选脱除滑石，可获得改善硫化矿的浮选效果，提高浮选指标[58~61]。

董燧珍[62]通过采用优先反浮选消除滑石干扰，然后选钼、锌，同时回收铁的选别工艺试验研究，较好地实现了综合回收钼、锌、铁、硫等有价元素，由含钼 0.20%、锌 1.28%、铁 10.72%、硫 3.03% 的原矿，可获得含钼 45.54%、回收率 82.29%，含锌 48.07%、回收率 84.14%，含铁 65.20%、回收率 53.46%，以及含硫 38.75%、回收率 60.42% 的指标。

张小云、黎铉海[63] 研究了辉钼矿与滑石的分选试验。通过单一浮选流程与重-浮联合流程的对比试验，最终确定了重-浮联合流程，对钼品位 0.93%，滑石 65% 的矿石，可获得钼品位 45.22%，回收率 77.35% 的钼精矿。

常晓荣、张益魁[64] 针对青海草大坂滑石菱镁矿进行了选冶中间试验，将含滑石 46.45%、菱镁矿 41.73% 的原矿通过单一浮选流程，获得的滑石精矿产率 48.21%，回收率 87.36%，滑石品位 84.65%，菱镁矿产率 51.79%，回收率 88.37%，品位 70.45%；滑石浮选精矿再经磁选处理，获得的滑石产率 46.07%，回收率 85.51%，品位 86.85%。

郑水林[65] 研究了浮选溶液的表面张力变化对天然疏水性矿物石墨和滑石浮选行为的影响。研究发现，溶液的表面张力变化对天然疏水性矿物石墨和滑石的浮选行为有显著的影响。这两种矿物都有一个最佳的浮选溶液表面张力区间，在该区间内浮选回收率最大，低于或高于该区间，回收率急剧下降。

许珂敬[66] 以浮选法从海阳滑石矿中去除石墨杂质。该法通过控制气-液界面的表面张力，使几种矿物的润湿性差异增大，从而分离天然可浮性相近的矿物。经对含石墨 1.5%、滑石 80.5% 的原矿进行分选，滑石中石墨杂质的可除率为 84.8%，滑石中石墨杂质只有 0.26%。

1.2.3.3　药剂对滑石的作用机理

F. F. 林斯[67] 研究了在 KCl 溶液中细粒滑石（小于 $19\mu m$）的团聚。经典的 DLVO 理论很好地描述了 KCl 稀溶液中滑石的团聚。当 KCl 浓度大于 1mol/L 时，粒子间为非 DLVO 力，即水化力（排斥力）起作用，这种结构力可能是滑石悬浮体再分散的原因。

梁永忠、薛问亚[68,69] 研究了滑石浮选泡沫稳定性以及无捕收剂条件下亲水性菱镁矿微细粒的浮选行为。研究表明，在无药剂条件下滑石能够上浮，且泡沫较脆。粒度是影响滑石泡沫稳定性的主要因素，滑石泡沫的稳定性随着粒度的减小迅速提高。滑石的颗粒的片状结构和天然疏水性能够得到稳定的泡沫，导致滑石泡沫稳定性被不同起泡剂影响不大。煤油会增强滑石的泡沫稳定性而不利于浮选。六偏磷酸钠和正十二醇能在一定程度上降低滑石的泡沫稳定性，有利于浮选的进行。滑石浮选中，亲水性的菱镁矿微细粒在无捕收剂条件下能够黏附于气泡而上浮，达到了 80% 左右的回收率，这是影响滑石精矿质量的主要原因之一。微细粒菱镁矿能够稳定泡沫，随粒度减小其稳定泡沫的能力增大，菱镁矿微细粒与气泡形成无接触黏着而得以上浮，六偏磷酸钠则阻碍了无接触黏着的发生。

潘高产、卢毅屏、冯其明[70]研究了羧甲基纤维素钠对滑石可浮性及分散性的影响。通过浮选试验、动电位测定、接触角测量、沉降试验和红外光谱分析，研究了羧甲基纤维素钠（CMC）对滑石可浮性及分散性的影响。研究结果表明：滑石颗粒层面和端面的润湿性可被 CMC 显著增强并趋于一致，使因表面疏水而上浮的滑石较好地被抑制，从而使滑石与硫化矿实现浮选分离，但是少量滑石仍会因泡沫夹带而上浮。滑石表面的负电性可被 CMC 增强，在水中的分散性变好，但这对抑制滑石无益，却能够引起颗粒层面面积降低的滑石间聚集而有利于滑石的抑制。CMC 通过分子中的羟基和羧基的双重作用在滑石颗粒各向表面发生作用。

X. 马[71]研究了木质素磺酸盐对滑石可浮性的影响。研究表明，在高 pH 值下用石灰作为 pH 值调整剂时，滑石的浮选会完全被木质素磺酸盐抑制。该体系中石灰的作用是在高 pH 值下提供钙离子，钙离子能够在滑石表面上特效吸附并促进木质素磺酸盐吸附，吸附在矿物表面上的木质素磺酸盐的数量与滑石被抑制的程度直接相关。木质素磺酸盐在滑石表面上的吸附量随滑石表面上电荷的增加和木质素磺酸盐的阴离子化程度的增大而降低，这表明木质素磺酸盐在纯负电荷滑石表面上的吸附过程主要是静电力控制的。因为钙的羟基化合物组分在滑石表面上的特效吸附与木质素磺酸盐的吸附密度有关，因此在高 pH 值下这些钙的羟基化合物质点对木质素磺酸盐的吸附过程起重要作用。木质素磺酸盐中的弱酸性基团电离受溶液中的钙离子影响，药剂与矿物表面之间的静电斥力降低，所以木质素磺酸盐在滑石表面上的吸附量会增大，增强对滑石的抑制作用。因此，木质素类药剂抑制滑石能力受溶液中钙离子的存在影响很大，木质素磺酸钙由于钙离子的促进作用而比木质素磺酸钠的抑制作用更强。

D. A. 比蒂叶[72]研究了不同聚合物在滑石表面上的吸附及其对滑石的抑制作用。测定了聚合物在滑石表面上的吸附等温线、Zeta 电位、接触角、吸附层厚度和经聚合物处理后的滑石表面的亲水性。经聚合物处理后的滑石浮选结果表明，聚合物官能团对其抑制性质有影响。滑石浮选回收率与聚合物吸附层厚度和接触角之间存在关系，根据吸附层的性质而不需进行浮选试验就可预测聚合物抑制剂的效果，这个方法在筛选大量可能的抑制剂时可能是有用的。

冯其明、刘谷山等人[73,74]研究了铜离子、镍离子、铁离子和亚铁离子对滑石浮选的影响及作用机理。通过对滑石单矿物的浮选实验和动电位的测试，结合水解金属离子溶液化学计算，研究铁离子、亚铁离子、铜离子和镍离子对滑石浮选的影响，并探讨其吸附机理。实验结果表明：在没有金属氢氧化物沉淀时，溶液中存在的水解金属离子在滑石表面的吸附对滑石的非极性表面和极性端面产生不同的影响，使滑石 ζ 电位的符号由负变正，但滑石的天然可浮性不变；在金属氢氧化物沉淀的 pH 值与它的零电点之间，滑石的非极性表面变得亲水，导致滑石的浮选受到抑制。其疏水性的改变是由于在氢氧化物沉淀的 pH 值与它的零电点之间，滑石的极性和非极性表面产生了氢氧化物沉淀的多相凝聚。

J. 王[75]研究了古尔胶在固-液界面上的吸附机理。动电位研究表明，当 pH 值在 2~11 范围内，古尔胶在滑石上的吸附只降低其 Zeta 电位负值，但并不改变其表面电荷符号。吸附研究结果也表明，pH 值变化不影响古尔胶在滑石上的吸附量，这说明了静电力不是吸附过程的主要作用力。离子强度高低不影响古尔胶在滑石表面上的吸附量，这进一步证明了静电力不起作用。解吸试验结果表明，古尔胶在滑石表面上的吸附是一个不可逆的过程。荧光光谱分析表明，有古尔胶吸附的滑石–液相界面上不存在疏水性区域，亲水力起主要作用。

G. E. 莫里斯[76]研究了聚合物抑制剂在滑石-水界面上的吸附行为与离子强度和 pH 值的关系。微量浮选和吸附等温线测定数据充分说明，聚合物对滑石的抑制作用随其在滑石表面上的吸附密度增大而加强。溶液条件（如离子强度和 pH 值等）对阴离子型聚合物（CMC，PAM-A）在滑石表面上的吸附影响很大，而非离子型聚合物 PAM-N 情况并非如此。在酸性 pH 值或高离子强度下处理滑石后，增加了阴离子型聚合物抑制剂在滑石表面上的吸附密度，而使滑石得到了抑制。此外，在酸性 pH 值范围或高离子强度时，阴离子型聚合物抑制剂分子从伸展状变为卷曲状，也增加了其在滑石面上的吸附密度。离子强度和 pH 值不影响非离子型聚丙烯酰胺 PAM-N 在滑石表面上的吸附密度。计算的聚合物所占的几何面积表明，吸附不可能发生在滑石的边侧面上，而只能发生在正表面上，或同时发生在正表面和边侧面上。聚合物 CMC、PAM-A 和 PAM-N 通过分子中的烃基疏水作用以平躺方式吸附在滑石表面上。因此，亲水的羟基和羧基覆盖了滑石表面，增加了矿物表面的亲水性，从而使其在浮选过程中受到抑制。

P. G. 肖特里奇[77]研究了多糖抑制剂的化学成分和相对分子质量对滑石浮选的影响。结果表明，在 KNO_3 浓度为 10^{-3} mol/L 时，多糖抑制剂的用量、相对分子质量和化学组成等会影响多糖抑制剂对滑石的抑制作用。含古尔胶的聚合物使滑石的天然可浮性降低，而且滑石受到的抑制作用会随着古尔胶相对分子质量的增大而增强。较低用量的古尔胶可强烈抑制滑石，进一步增大古尔胶用量不会再使它对滑石的抑制作用增强。CMC 不是滑石的有效抑制剂，CMC 相对分子质量的改变对滑石抑制体系没有产生任何变化，但增大 CMC 的浓度会使抑制作用稍稍得到增强。

1.2.4　水镁石浮选研究现状

一般水镁石开采出的矿石质量很高，所以一直以来对水镁石矿选矿技术的研究相对比较少，造成大量品位在 60% 以下的优良矿石未被有效的利用，极大地浪费了资源。

在我国，水镁石的选矿正处于起步阶段，相关的学术研究寥寥无几，工业化更是史无前例。世界范围内可以借鉴的经验也不多，苏联曾经进行过重液法和浮选法选别水镁石的研究。吉林省地质实验研究中心李典等人对集安县水镁石和蛇纹石综合利用进行过研究[78]。我国集安县一些硼矿床的硼矿体底板或表外矿石中曾发现了初具规模的水镁石矿。该矿石有两种类型，其中之一是水镁石与蛇纹石均匀嵌布型矿石，此类矿石含 30% ~ 40% 的水镁石，50% ~ 60% 的蛇纹石及少量硼镁石、硼镁铁矿、方解石等。当时水镁石选矿在我国尚无先例，无资料和方法可借鉴，加之该矿岩石为水镁石蛇纹岩，均为含镁矿物，都含氢氧根离子，若使二者有效分离是相当困难的。由两种矿物的化学成分看出，水镁石属氧化矿，而蛇纹石则属硅酸盐矿物，所以对该类型矿石宜采用浮选法使二者分离。李典等人对此类型矿石进行了水镁石和蛇纹石的综合回收研究。根据矿石物质组成的研究，并经大量探索性试验，最后确定用磁选法除去含铁矿物后再用浮选法分离水镁石和蛇纹石的磁-浮联合流程。

对于高效捕收药剂的开发，国家建材局地质研究所丁浩等人做了试验研究[50]。在捕收剂 FL 作用下，水镁石呈现出良好的、明显高于蛇纹石的可浮性。以 FL 作捕收剂，六偏磷酸钠作调整剂，可以扩大水镁石与蛇纹石的可浮性差别。以该药剂制度浮选实际矿石，可获明显分离效果。进一步确定合理的药剂条件与流程结构，有希望获得更好的选别指标。水镁石选矿在我国尚属探索阶段，水镁石与蛇纹石的分离是必须加以解决的问题之一。

1.3 矿物间交互影响的研究现状

矿物浮选的交互影响是指复杂矿石浮选体系中矿物的溶解、相互吸附罩盖等引起矿物被活化或抑制，从而对浮选分离产生的影响。我国的复杂难选矿石资源储量巨大，难以利用，其主要原因之一就是这些矿物的嵌布粒度细、伴生矿物种类多、矿物之间交互影响严重，给分选带来了困难。

矿物之间的交互影响包括了不同粒级矿物之间存在的吸附和罩盖影响、不同矿物的溶解对浮选环境和矿物表面转化造成的影响，以及由此产生的原本表面性质不同的矿物在浮选的过程中可浮性拉近的现象，或者某种矿物被其他矿物（颗粒或溶解离子）活化或抑制的现象。这些交互影响往往是矿石的分选过程极其困难和指标恶化的主要原因，为了解决在矿物分选过程中的难题，科研工作者对矿物之间交互作用已经有很多的研究，包括对矿物间交互影响的作用形式、作用机理以及利用或消除交互影响的应用方法的研究，取得了很多有意义的成果。

1.3.1 矿物间交互影响的作用形式研究现状

粉碎和磨碎过程中，由于不同矿物硬度的不同，在相同的条件下，矿物硬度大则粒度减小速度慢，矿物硬度小则粒度减小速度快，因此硬度较小的矿物会迅速变细，而产生大量的微细粒矿泥。这造成了在浮选过程中矿物粒度的不均匀性，也就给不同粒级的矿物颗粒之间的交互作用提供了条件。

通常情况下，细粒与粗粒物料在浮选过程中会有直接的相互作用，存在以下几种情况：

（1）细粒级有用矿物黏附在粗粒级脉石矿物中而损失到尾矿中。例如赤铁矿浮选中，微细粒的赤铁矿颗粒吸附在石英表面，而损失到尾矿中，造成回收率的降低。

（2）细粒级有用矿物黏附在粗粒级有用矿物上，即"载体浮选"，从而提高了细粒级有用矿物的回收率。例如微细粒的钛铁矿可以自载体的形式黏附在粗粒级钛铁矿上进入精矿，从而提高钛的回收率，技术关键是找到合适粒级范围的粗粒级矿物作为载体。

（3）细粒级脉石矿物黏附在粗粒级有用矿物上而降低精矿品位。例如细粒级的长石会黏附在粗粒级的石英表面，从而影响石英的精矿品位，造成产品质量下降。

（4）细粒级脉石矿物和细粒级有用矿物相互吸附聚集成大颗粒。这种情况可以理解为连生体，它们或者进入精矿影响精矿品位，或者进入尾矿影响有用矿物的回收率。

（5）如果选别过程中有几种物理化学性质相近的有用矿物或脉石，则情况更复杂，有用矿物与有用矿物、有用矿物与脉石矿物之间会发生更复杂的交互影响，产品中互含情况严重，降低各有用矿物的品位和回收率，严重时造成精尾不分。例如含碳酸盐铁矿的选别中，硬度较小的菱铁矿在磨矿过程中形成 $10\mu m$ 以下的矿泥，可以同时吸附在石英和赤铁矿表面，而在阴离子捕收剂体系中菱铁矿的可浮性在赤铁矿和石英之间，当原矿中菱铁矿的含量超过 3% 时，对阴离子反浮选体系破坏严重，造成精尾不分，给企业造成巨大的损失。

另外，经过破碎和磨矿处理以后的矿石表面有大量的不饱和断键及活跃离子，在浮选矿浆中，这些断键的重组以及离子的溶解也会对其他矿物的浮选产生间接的交互影响，例如黄铜矿溶解的 Cu^{2+} 对闪锌矿和方铅矿的活化作用。

1.3.2　矿物间交互影响的作用机制研究现状

目前，针对矿物交互影响的研究主要集中在细粒矿物对其他矿物的影响方面。细粒有其一系列的表面特性和电化学性质，这些特性能对矿泥的浮选过程产生明显的影响，细粒浮选一直是选矿领域的难题，这主要是由于细粒矿物存在以下浮选特征：

（1）细粒矿物在粗粒表面上罩盖，影响粗粒浮选行为。对于引起罩盖的原因，有两种看法。一些学者认为是在细粒和粗粒之间有化学反应。另一些学者则认为是在细粒和粗粒之间的静电作用所致。目前，后一种看法日益被众多的学者接受。Peng Yongjun 和 Zhao Shengli[79]的试验说明了这一点，试验中发现细粒膨润土可以对氧化后辉铜矿的浮选产生抑制作用，而对未氧化的辉铜矿的浮选无影响，主要原因是未氧化的辉铜矿和膨润土表面均荷负电，两种矿物颗粒间为静电斥力作用；而当辉铜矿表面氧化后，其表面电位增加，细粒膨润土颗粒可以通过静电作用吸附在辉铜矿表面，阻碍捕收剂在辉铜矿表面的有效吸附，从而对辉铜矿产生抑制作用。

（2）细粒矿物使泡沫过于稳定。这是因为细粒矿物迟滞了泡沫表面水层的薄化时间，并且可以减少气泡的兼并。穆枭[80]通过测定表面张力、黏度、动电位以及接触角研究铝土矿三相泡沫稳定性，发现细粒矿物可以提高三相泡沫稳定性，主要是因为细粒矿物比表面积大，表面能大，能稳定吸附在泡沫表面，从而减少气泡的兼并。

（3）细粒脉石矿物的夹杂影响精矿品位。粗的颗粒不致引起夹杂，是因为受重力影响，粗粒脉石易从气泡间的水夹层落入矿浆之中，因此粒度大于 $30\mu m$ 的硅酸盐脉石无夹杂现象；小于 $30\mu m$ 时，夹杂程度随粒度减少而增加。很明显，超细脉石由于夹杂而进入精矿中的可能性是很大的。例如，Renison 锡选矿厂最终浮选精矿的品位，在 $20\mu m$ 粒级为 45%，在 $2\mu m$ 粒级为 5%。

（4）细粒消耗药剂。浮选药剂被矿粒吸附的程度与溶液中药剂浓度、吸附自由能及矿粒的表面积有关。因细粒有较大的比表面，因而会更多地吸附药剂，甚至无选择性吸附药剂。在浮选过程中，为了使每单位比表面吸附的药剂为定值，以期得到好的浮选指标，就需要增加药剂。研究表明[81]，为得到同一指标，用油酸钠浮选白钨矿时，比表面积为 $18.2m^2/g$ 的细粒，实验室浮选时药量为 $1~1.5kg/t$；而比表面积为 $2.6m^2/g$ 的粗粒，连续浮选时药量仅为 $0.2kg/t$。因此，捕收剂用量的增加大致与比表面的增加成比例。

（5）细粒降低浮选速度。由于细粒质量小、动量低，与气泡的碰撞概率与黏附概率小，所以其浮选速度较慢。

目前，对于微细粒浮选的机理研究主要集中在浮选体系中矿粒表面之间或与气泡表面之间相互作用力，主要包括静电力、范德华力、水化力、疏水力、磁力等，且由于浮选机的强力搅拌，还存在流体动力学相互作用力。其中，静电力、范德华力、水化力和疏水力是研究颗粒之间相互作用以及微细粒浮选的重点。

罗溪梅[82]以赤铁矿、菱铁矿、磁铁矿、褐铁矿、白云石和石英为研究对象，考察了不同粒级赤铁矿、菱铁矿、磁铁矿、褐铁矿、白云石、石英分别对赤铁矿、菱铁矿以及石英浮选的影响，并基于浮选溶液化学、矿物晶体化学、E-DLVO等理论，采用 SEM、UV、FTIR、ICP、XPS 等检测手段，探讨了矿物产

生交互影响的机理。研究表明，在 pH 值为 9 左右，添加油酸钠浮选回收
45~106μm 粒级赤铁矿时，不同粒级菱铁矿、小于 45μm 粒级磁铁矿以及小于
18μm 褐铁矿对赤铁矿的浮选影响由消耗油酸钠引起，其中菱铁矿还与矿物溶解
有关。不同粒级白云石对赤铁矿浮选的影响由消耗油酸钠和溶解的金属离子引
起；在 pH 值为 9 左右，添加油酸钠浮选回收小于 18μm 粒级菱铁矿时，不同粒
级赤铁矿能够略提高菱铁矿回收率与疏水引力有关；在 pH 值为 11.4 左右，添加
油酸钠、淀粉和氯化钙浮选回收石英时，菱铁矿对石英浮选影响的原因与淀粉和
菱铁矿的溶解有关；小于 18μm 粒级磁铁矿对石英浮选的影响与微细粒级磁铁矿
在石英粗颗粒表面罩盖有关；添加少量柠檬酸能够在一定程度上削弱矿物对石英浮
选的影响，与柠檬酸具有分散作用且能降低 OH⁻ 浓度并消耗部分碳酸根离子有关。

1.3.3   矿物间交互影响的应用研究现状

国内外的科研工作者针对矿物之间交互影响对浮选影响的研究，以及利用或
者消除这些交互影响方法的研究，主要集中在细粒矿物对其他粒级矿物影响方
面，如载体浮选、絮凝浮选、分散浮选、分步浮选等都涉及矿物交互影响的理
念。载体浮选和絮凝浮选主要是加强细颗粒矿物与粗颗粒或细颗粒矿物与细颗粒
矿物的交互作用，而分散浮选和分步浮选则是在削弱矿物颗粒间的交互作用。目
前的研究主要集中在以下三个方面：

（1）减小气泡的尺寸。产生更微小的气泡以增加与细粒矿物碰撞黏附的概
率，如微泡浮选柱的理论及应用研究[83~85]。

为了提高浮选的经济指标，澳大利亚纽卡斯尔大学研制的 Jameson 浮选
法[86]，把混有药剂的矿浆用泵打入下导管的混合头内，经过喷嘴形成喷射流而
产生一个负压区，从而吸入空气产生气泡，形成稳定的气、液、固三相混合流，
因此避免了常规浮选柱压入空气引起的麻烦；其气泡矿化过程是在下导管内，下
导管内矿浆气溶率高达 40%~60%，而普通浮选柱气溶率仅 4%~16%，所以该方
法矿化快、浮选效率高。

中国矿业大学研制的旋流微泡浮选柱[87]，用于分选细粒煤泥，半工业试验
证明该浮选柱的选择性很好，一次选别就可以分选出较低灰分的精煤，同时尾煤
灰分较高，保证了较高的精煤回收率。

（2）增大颗粒的表观粒径，以实现常规条件下微细粒矿物的浮选。实现这
一设想的主要途径是在矿浆充分分散的前提下，使微细矿粒选择性聚团，如选择
性絮凝浮选、剪切絮凝浮选、载体浮选和油团聚浮选等处理方法[88,89]。

朱阳戈等人[90]对 0~20μm 钛铁矿进行载体浮选研究，发现当粗粒载体矿物
比例在 50% 以上时可以体现出良好的浮选效果，应用载体浮选工艺分选攀枝花难
处理微细粒钛铁矿，使 0~20μm 粒级钛铁矿回收率提高了 9.4%。邱冠周等

人[91]用大于 $10\mu m$ 的不同粒级黑钨矿对小于 $5\mu m$ 粒级的黑钨矿进行载体浮选，回收率从原来的 40.50%上升到 70.38%；对于小于 $20\mu m$ 石英矿混合矿进行载体浮选，回收率从原来的 40.75%上升到 79.47%，同时精矿品位从 53.97%提高到 74.98%。

选择性絮凝、剪切絮凝曾经作为回收细粒矿物的新工艺有过大量的研究。D. W. Fuerstenau 等人[92]叙述了采用十二烷基硫酸钠进行细粒赤铁矿絮凝和浮选的主要因素。结果表明，细磨矿石的剪切絮凝作用可以提高小于 $10\mu m$ 赤铁矿颗粒的浮选速率。而在絮凝系统中加入药剂处理过的粗粒赤铁矿作为剩余细粒的载体，可明显提高总的浮选回收率。

王淀佐、罗家珂等人[93]以 FD 作为选择性絮凝剂，分别用水玻璃、六偏磷酸钠、氟硅酸钠、酸化水玻璃为分散剂，对分散四种脉石矿物——石英、萤石、方解石和石榴石的行为进行了研究。结果表明，水玻璃能很好地克服水中 Ca^{2+} 和 Mg^{2+} 的不良影响；六偏磷酸钠是微细粒黑钨矿选择性絮凝工艺中最佳的分散剂。人工混合矿试验表明，采用最佳药剂制度可使微细粒黑钨矿与四种脉石分离，并取得了令人满意的分选指标。

Buttner 采用羧甲基纤维素或羧甲基淀粉作絮凝剂和分散剂，使超细磷灰石絮凝，方解石分散，然后用肌氨酸钠及壬基酚基聚乙三醇醚混合作捕收剂，选别磷酸盐矿石。原矿含 P_2O_5 5.8%，小于 $6\mu m$ 粒级占 42%，经过一次粗选和两次精选，可得到含 P_2O_5 35%、回收率为 65%的精矿。

（3）寻找相应的药剂制度削弱矿物之间的交互作用，即"分散浮选"；通过浮选工艺，优先去除影响浮选的某种矿物或微细颗粒，即"分步浮选"[94]。

东北大学针对东鞍山含碳酸盐铁矿石研究了一种新的铁矿浮选工艺——分步浮选，即用正浮选首先来抛尾，以消除碳酸盐矿物对赤铁矿浮选的影响，再用反浮选来提高精矿品位，同时保证了较高的回收率。采用"分步浮选"工艺可消除菱铁矿对浮选的不利影响，有利于提高含碳酸盐铁矿石的精矿品位和回收率。

罗溪梅[82]对含碳酸盐铁矿石浮选体系中矿物的交互影响进行了研究，针对东鞍山含碳酸盐铁矿石混合磁精矿进行了浮选试验研究，将柠檬酸作为分散剂应用于减轻铁矿石浮选体系中的交互影响，取得了较好的效果。在最佳药剂制度条件下，经过一次粗选—两次精选——一次扫选的闭路流程获得 Fe 品位为 66.37%、Fe 回收率为 75.00%的铁精矿，简化了工艺流程，并能降低生产成本。

中国的镁资源储量丰富，是一个镁资源大国。镁资源的生产及加工是我国的支柱产业之一，对这一宝贵资源的充分合理的利用对我国的经济发展具有重要意义。由于过去采富弃贫的做法使得我国高品位镁资源日益减少，对低品级镁资源的综合利用迫在眉睫。目前，对低品级镁资源的开发和利用尚处于起步阶段，浮选提纯技术具有成本低效果好的特点，已经得到认可。但是，镁矿的浮选技术还存在很多难题，主要是由于各种含镁矿物及其伴生矿物之间的复杂浮选行为难以解释清楚，有些恶化浮选结果的原因不能够得到解释。因此，对含镁矿物浮选过程中各种矿物之间的交互影响研究对于解决这些问题具有重要意义。本书的研究目的在于对含镁矿物及其伴生矿物之间在浮选过程中的行为进行深入发掘，找到矿物之间交互影响的规律，并且分析造成这些影响的原因，找到能够实现高效率浮选的方法。

　　系统的研究含镁矿物浮选体系中的交互影响具有重要的理论意义和现实意义，不仅能深入地了解矿物之间相互作用的机理，更能丰富含镁矿物浮选理论体系。通过研究单矿物之间的交互影响，指导实际矿石的浮选分离，得出适合分选低品级含镁矿物的浮选条件和流程，具有很好的经济效益。

2 试验样品与研究方法

2.1 试样采集与制备

2.1.1 纯矿物试样

试验所用单矿物有菱镁矿、水镁石、白云石、蛇纹石、滑石、石英。

矿样取自辽宁宽甸、大石桥等地区。6种单矿物制备方法为：选取块矿，经破碎、拣选，磨矿，筛分，取0.045~0.1mm和小于0.045mm的产品作为试验用矿样。矿样的化学组分分析以及按MgO计矿物纯度见表2-1，单矿物各粒级化学组分分析见表2-2。

表 2-1 单矿物化学组分分析结果（质量分数） （%）

矿 物	MgO	CaO	SiO$_2$	Al$_2$O$_3$	FeO	纯度
菱镁矿	47.17	0.40	0.17	—	—	98.66
水镁石	66.81	0.97	0.60	—	0.17	96.66
白云石	22.85	29.21	3.74	0.19	0.01	95.98
蛇纹石	41.6	1.67	40.95	1.56	—	95.41
滑石	30.81	—	61.61	—	—	97.13
石英	—	—	99.78	—	0.05	99.78

表 2-2 单矿物各粒级化学组分分析结果（质量分数）

矿物种类	粒级/mm	MgO/%	CaO/%	SiO$_2$/%
菱镁矿	0.067~0.1	47.28	0.40	0.24
	0.045~0.067	47.04	0.42	0.28
	<0.045	46.96	0.52	0.54
水镁石	0.067~0.1	66.44	0.96	0.49
	0.045~0.067	66.44	0.99	0.63
	<0.045	66.88	0.95	0.59
白云石	0.067~0.1	22.99	29.17	0.97
	0.045~0.067	22.72	29.35	0.79
	<0.045	22.72	29.28	0.71

续表 2-2

矿物种类	粒级/mm	MgO/%	CaO/%	SiO$_2$/%
蛇纹石	0.067~0.1	41.91	1.59	41.19
	0.045~0.067	41.66	1.80	40.91
	<0.045	40.92	1.96	40.65
滑石	<0.045	30.81	<0.01	61.61
石英	0.067~0.1	0.00	0.00	99.70
	0.045~0.067	0.00	0.00	99.85
	<0.045	0.00	0.00	99.76

菱镁矿、水镁石、白云石、蛇纹石、滑石、石英矿样的 X 射线衍射结果如图 2-1~图 2-6 所示。综合化学组分分析结果和 X 射线衍射结果分析可得，所制得的试验用单矿物试样纯度均高于 95%，满足纯矿物浮选试验的要求。

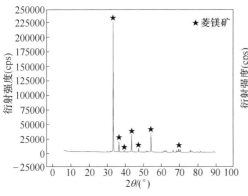

图 2-1　菱镁矿 X 射线衍射图

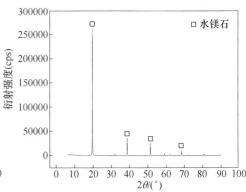

图 2-2　水镁石 X 射线衍射图

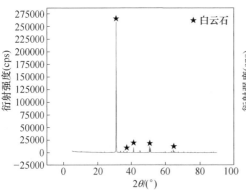

图 2-3　白云石 X 射线衍射图

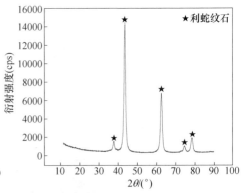

图 2-4　蛇纹石 X 射线衍射图

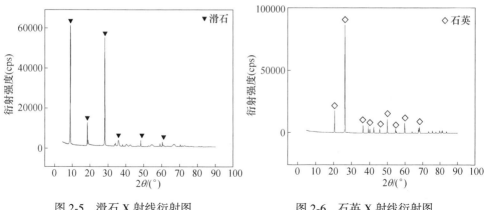

图 2-5　滑石 X 射线衍射图　　　　　图 2-6　石英 X 射线衍射图

2.1.2　实际矿石矿样

2.1.2.1　菱镁矿实际矿样物相分析

试验所用菱镁矿实际矿样取自辽宁宽甸，矿样经过颚式破碎—对辊破碎—筛分后，筛下小于 2mm 粒级的菱镁矿混匀、缩分并装袋作为试验矿样，破碎流程如图 2-7 所示。

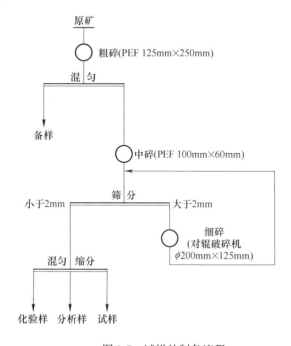

图 2-7　试样的制备流程

菱镁矿矿样化学多元素分析结果见表2-3。

表 2-3 菱镁矿原矿化学组分结果　　　　　　（%）

化学组分	MgO	SiO$_2$	CaO	FeO	Al$_2$O$_3$
含量（质量分数）	42.81	2.33	4.91	0.12	0.07

对菱镁矿原矿进行了工艺矿物学研究，镜下组织如图2-8所示。菱镁矿在矿

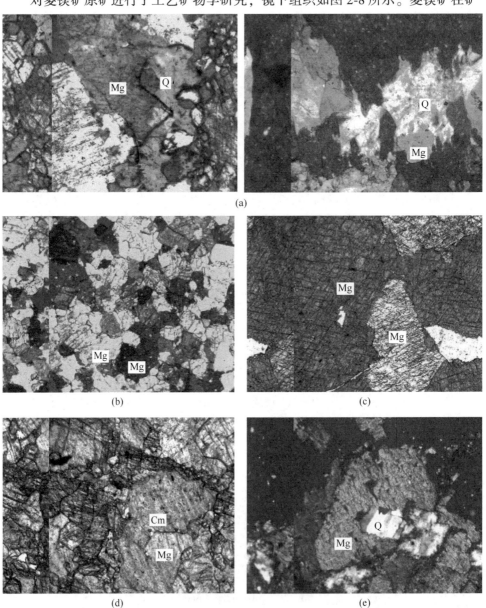

(a)

(b)

(c)

(d)

(e)

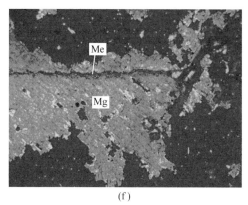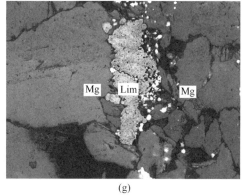

(f)　　　　　　　　　　　　　　　　　　　　(g)

图 2-8　菱镁矿原矿镜下物相分析

（a）菱镁矿（Mg）以粗粒集晶体产出，并在裂缝和颗粒间隙有石英（Q）填充胶结；（b）菱镁矿
（Mg）以细粒状产出；（c）菱镁矿（Mg）以粗粒集合体产出，菱面体解理发育；（d）白云石（Cm）
以不规则粒状产出，其中包裹菱镁矿（Mg）颗粒；（e）石英（Q）以粒状沿菱镁矿（Mg）孔洞分布；
（f）滑石（Me）以脉状产出；（g）褐铁矿（Lim）沿菱镁矿（Mg）颗粒间隙产出

石中多以粒状及其集晶状体产出，有少部分以细粒近似粒状产出；在菱镁矿的裂
缝和孔洞中有石英、白云石产出，同时在菱镁矿微裂隙中有滑石侵入，形成细脉
状构造，并在菱镁矿的接触边缘有铁质析出。菱镁矿菱面体解理十分发育，极易
破碎成小块。

　　通过分析可知，有用矿物为菱镁矿，主要脉石矿物为石英、白云石以及蛇纹
石、滑石等其他硅酸盐矿物。菱镁矿在样品中多以粗粒嵌布为主，呈不均匀嵌
布，有用矿物和脉石均易单体解离。

2.1.2.2　水镁石实际矿样物相分析

　　试验所用水镁石实际矿样来源于辽宁丹东辽东水镁石矿，原矿样经两段破
碎，通过 2mm 筛子进行筛分，从而得到小于 2mm 粒级产物。试样制备流程如图
2-7 所示。

　　水镁石原矿化学多元素分析结果见表 2-4。

表 2-4　水镁石原矿化学组分分析结果　　　　　　　（%）

化学组分	MgO	SiO_2	CaO	Fe_2O_3	Al_2O_3
含量（质量分数）	58.32	9.92	3.22	0.35	0.25

　　原矿 X 射线衍射结果如图 2-9 所示。X 射线衍射结果表明，原矿主要矿物成
分为水镁石、蛇纹石、白云石等，由化学多元素分析结果及 X 射线衍射分析，可
得原矿矿物成分含量，见表 2-5。从表 2-5 可见，该矿石主要成分为水镁石

（Mg(OH)$_2$)、蛇纹石（Mg$_6$[Si$_4$O$_{10}$](OH)$_8$)、白云石（CaMg(CO$_3$)$_2$)，其他元素含量都很低，无回收价值；水镁石是该矿的回收成分，蛇纹石为主要含硅杂质。

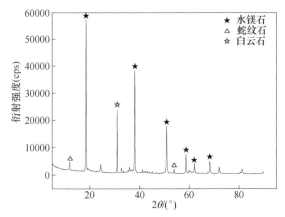

图 2-9　原矿 X 射线衍射结果

表 2-5　原矿矿物组成　　　　　　　　（%)

矿　物	水镁石	蛇纹石	白云石	其他
含量（质量分数）	65.8	22.5	10.6	1.1

2.2　试验试剂及主要设备

2.2.1　试验试剂

试验所用试剂见表 2-6。试验所用试剂均用去离子水配制，试验用去离子水的 pH 值为 7 左右。

表 2-6　浮选试验所用试剂一览表

试剂名称	化学式	规　格	用　途
油酸钠	C$_{17}$H$_{33}$COONa	化学纯	捕收剂
十二胺	C$_{12}$H$_{25}$NH$_2$	化学纯	捕收剂
盐酸	HCl	分析纯	pH 值调整剂
氢氧化钠	NaOH	分析纯	pH 值调整剂
六偏磷酸钠	(NaPO$_3$)$_6$	分析纯	抑制剂
水玻璃	Na$_2$SiO$_3$	分析纯	抑制剂
碳酸钠	Na$_2$CO$_3$	分析纯	调整剂
2 号油	—	工业级	起泡剂

2.2.2 试验主要设备

试验中所用的主要设备见表 2-7。

表 2-7 主要设备一览表

设备名称	设备型号	生产厂家
瓷衬球磨机	XMCQ ϕ180mm×200mm	湖北省探矿机械厂
电子天平	UW220H	SHIMADZU CORPORATION Japan
超声清洗机	H66025T	无锡超声电子设备厂
数显恒温水浴锅	HH-6	常州市国华电器有限公司
挂槽式浮选机	XFG	长春探矿机械厂
电热鼓风干燥箱	DGF30/4-ⅡA	南京试验仪器厂
酸度计	pH-25	上海伟业仪器厂
标准检验筛	ϕ200mm×50GB6003-97	绍兴市上虞纱筛厂制造
Zeta 电位测定仪	Nano-ZS90	英国马尔文公司
对辊破碎机	XPSF-ϕ400mm×250mm	湖北省探矿机械厂
圆筒形球磨机	XMQ-ϕ150mm×50mm/ϕ240mm×90mm	武汉探矿机械厂
扫描电子显微镜	S-3400N	日立公司

2.3 研究方法

2.3.1 浮选试验方法

2.3.1.1 单矿物浮选试验

单矿物浮选试验在 XFG 型挂槽式浮选机上进行，每次取 3.0g 矿样，加 25mL 纯水，调浆 2min 后，用 HCl 或 NaOH 调节 pH 值，搅拌 2min，然后依次加入调整剂、捕收剂，浮选 3min。泡沫产品和槽内产品分别烘干、称重，计算回收率。浮选机转速为 1800r/min。试验流程如图 2-10 所示。

2.3.1.2 实际矿石浮选试验

实际矿石的浮选试验在 XFD-63 型 500mL 单槽浮选机里进行，每次取样 150g，经过磨矿，加水调浆 3min 后，用 HCl 或 NaOH 调节 pH 值，搅拌 3min，然后依次加入活化剂、抑制剂、捕收剂，浮选 6min。泡沫产品和槽内产品分别称干、称重、取样化验品位，计算回收率。浮选机转速为 2000r/min。浮选试验流程如图 2-11 所示。

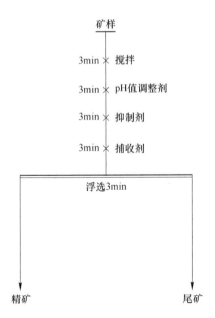

图 2-10　单矿物浮选试验流程

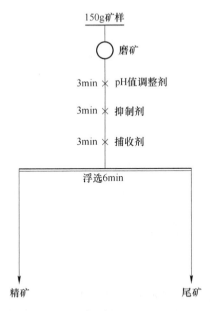

图 2-11　实际矿石浮选试验流程

2.3.2　矿物动电位（ζ 电位）的测定

试验测定在不同 pH 值条件下含镁矿物的动电位。将矿样磨至粒度小于

5μm，每次称取 50mg 置于烧杯中，加 50mL 纯水，并加入 1×10^{-3} mol/L KCl 以维持溶液中离子的稳定性。用磁力搅拌器搅拌 5min 后，加入相应药剂并用浓度为 0.1mol/L 的 HCl 或 NaOH 调节 pH 值，在磁力搅拌 5min 后再静置 10min，然后吸取上清液采用 Nano ZS-90 Zeta 电位分析仪测定矿物表面 ζ 电位。

2.3.3 X 射线衍射分析

X 射线衍射分析是利用 X 射线通过晶体时会发生衍射这一特性来定性确定矿物的物相组成，该技术可以对纯矿物及实际矿石的矿物组成进行定性分析。

试验所用 X 射线分析仪是日本 RIGAKU 公司生产的 D/MAX-RB。将待检测样品粉磨制样后，用 X 射线衍射仪检测样品的物相和晶型，从而得到相应矿物的 XRD 衍射图谱；将检测得到的 XRD 图谱参数与标准 PDF 数据库检索数据进行比较，利用网面间距 d 值与 PDF 标准卡片 d 值的对应程度，确定样品的物相。

2.3.4 扫描电子显微镜分析

扫描电子显微镜（SEM）是通过接收从样品中"激发"出来的信号而成像的，即利用二次电子成像。二次电子像能反映试样表面的形貌特征，其分辨率较高，立体感强，特别适用粗糙表面及断口形貌观察。试验采用日本岛津公司（Shimadzu）生产的 SSX-550 型扫描电镜观察粉末的颗粒形貌以及团聚情况。

2.3.5 接触角测量

接触角测量方法是先将试样进行压片制备成表面光滑的薄片，然后在 JC2000A 型接触角测量仪上进行测量。通过高速放大摄像机拍摄图片，采用量角法测得接触角数据，测量温度为室温 25℃ 左右。

3 矿物的晶体结构及可浮性

3.1 矿物的晶体结构及物理化学性质

矿物的化学组成和晶体结构对矿物性质有着至关重要的影响。矿物的化学组成与矿物晶体的键型、晶体构型以及物理、化学性质之间存在着内在的、紧密的、规律性的联系。而根据矿物的物理、化学性质差异将不同矿物进行分离是选矿研究的主要内容，因此研究矿物的晶体化学有助于深层次地研究选矿理论与指导选矿实践。

晶体化学原理着重阐述晶体的键型、构型以及它们随化学组成而变化的规律，晶体的结构主要取决于组成晶体的原子、离子的数量关系、大小关系、作用力的本质和极化作用等因素[95]。

3.1.1 菱镁矿

菱镁矿的主要成分为 $MgCO_3$，理论化学组成（质量分数 w）：MgO 含量为 47.81%，CO_2 含量为 52.19%；与 $FeCO_3$ 之间可形成完全类质同象，常含 Mn、Ca、Ni 等类质同象元素；其莫氏硬度为 3.5~4.5，密度为 2.9~3.1g/cm^3。

菱镁矿属于三方晶系，R-$3C$ 空间群，菱面体晶胞：$arh = 0.566nm$，$\alpha = 48°10'$，$Z = 2$；六方晶胞：$ah = 0.462nm$，$ch = 1.499nm$，$Z = 6$。方解石型结构。菱镁矿晶体形态为菱面体状、短柱状或复三方偏三角面体状，常呈显晶粒状或隐晶质致密块体。菱镁矿晶体结构如图 3-1 所示。

3.1.2 水镁石

晶体化学：水镁石的理论组成（质量分数 w）：MgO 含量 69.12%，H_2O 含量 30.88%；常有 Fe、Mn、Zn、Ni 等杂质以类质同象存在。其中 MnO 含量可达 18%，FeO 可达 10%，ZnO 可达 4%；可形成铁水镁石（$w(FeO) \geq 10\%$）、锰水镁石（$w(MnO) \geq 18\%$）、锌水镁石（$w(ZnO) \geq 4\%$）、锰锌水镁石（MnO 含量为 18.11%，ZnO 含量为 3.67%）、镍水镁石（$w(NiO) \geq 4\%$）等变种；莫氏硬度 2.5，密度 2.35g/cm^3。

结构与形态：三方晶系，$a_0 = 0.313nm$，$c_0 = 0.474nm$，$Z = 1$。水镁石型结构为重要的层状结构之一。结构中 OH^- 近似作六方紧密堆积，Mg^{2+} 充填在堆积层相

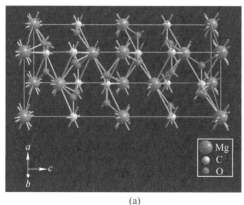

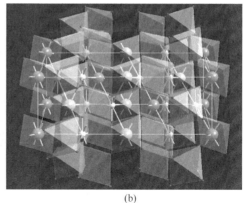

(a)　　　　　　　　　　　　　　　　(b)

图 3-1　菱镁矿晶体结构

(a) 晶胞内原子构成；(b) 晶体内配位多面体构成

隔一层的八面体空隙中，每个 Mg 被 6 个 OH 包围，每个 OH 一侧有 3 个 Mg。 [Mg(OH)$_6$] 八面体 // {0001} 以共棱方式联结成层，层间以很弱的氢氧键相维系，形成层状结构。Mg—OH 不是正八面体片，沿 c 轴方向有明显压扁，片厚从正常的 0.247nm 变为 0.211nm。水镁石的结构特点使其具有板状晶形、低硬度及 {0001} 的极完全解理。

复三方偏三角面体晶类，$D3d$-$3m$（L33L33PC）。晶体呈板状或叶片状。常见单形：平行双面 c{0001}，六方柱 m{1120}，菱面体 r{1011}、q{0113} 或 {2021}。晶体通常呈板状、细鳞片状、浑圆状、不规则粒状集合体；有时出现平行纤维状集合体，称为纤水镁石。纤水镁石内部存在结构畸变。水镁石晶体结构如图 3-2 所示。

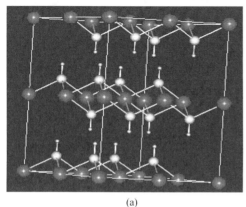

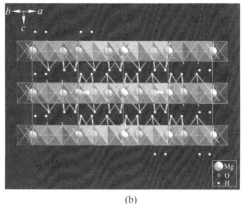

(a)　　　　　　　　　　　　　　　　(b)

图 3-2　水镁石晶体结构

(a) 晶胞内原子构成；(b) 晶体内配位多面体构成

3.1.3　白云石

白云石的主要组分为 $CaMg(CO_3)_2$，理论化学组成（质量分数 w）：CaO 含量为 30.41%，MgO 含量为 21.86%，CO_2 含量为 47.33%。常见的类质同象有 Fe、Mn、Co、Zn 代替 Mg，Pb 代替 Ca。其中 Fe 与 Mg 可形成 $CaMg(CO_3)_2$-$CaFe(CO_3)_2$ 完全类质同象系列；当 Fe 含量大于 Mg 含量时称铁白云石。Mn 与 Mg 的替代则有限，其中含 Mn 多的称锰白云石。其他变种有铅白云石、锌白云石、钴白云石等。白云石的莫氏硬度为 3.5~4，密度为 2.8~2.9g/cm³。

白云石属三方晶系，R-$3C$ 空间群，菱面体晶胞：$arh=0.601$nm，$\alpha=47°37'$，$Z=1$；六方晶胞：$ah=0.481$nm，$ch=1.601$nm，$Z=3$。晶体结构与方解石结构相似。不同处在于 Ca 八面体和 Mg 八面体层沿三次轴作有规律的交替排列。由于存在 Mg 八面体层，故白云石的对称低于方解石。如果 Fe、Mn 代替 Mg，则白云石晶胞增大。菱面体晶类，$C3i$-3（L3C）。晶体常呈菱面体状，晶面弯曲成马鞍形。集合体常呈粒状、致密块状，有时呈多孔状、肾状。白云石晶体结构如图 3-3 所示。

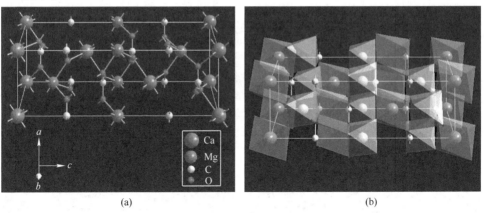

（a）　　　　　　　　　　　　　　　　（b）

图 3-3　白云石晶体结构
（a）晶胞内原子构成；（b）晶体内配位多面体构成

3.1.4　蛇纹石

试验所用蛇纹石单矿物为利蛇纹石，利蛇纹石的主要组分为 $Mg_6[Si_4O_{10}](OH)_8$，理论化学组成（质量分数 w）：MgO 含量为 43.6%，SiO_2 含量为 43.4%，H_2O 含量 13.0%。Fe、Mn、Cr、Ni、Al 等元素常取代结构中的 Mg。莫氏硬度为 2.5~4，密度为 2.57g/cm³。

利蛇纹石为单斜晶系，TO 型二八面体型层状结构，由"氢氧镁石"八面体片与［SiO₄］四面体片的六方网片按 1∶1 结合构成结构单元层。Cm、$C2$ 或 $C2/m$ 空间群，$a_0 - 0.513nm$，$b_0 = 0.920nm$，$c_0 - 0.731nm$，$\beta = 90°$，$Z = 2$。蛇纹石理想的四面体片 $b_0 = 0.915nm$，理想的八面体片 $b_0 = 0.945nm$，a 轴方向也表现出差异。利蛇纹石呈板状结构，以原子位置的内部调整方式克服八面体和四面体片间的不协调性。八面体片横向收缩，厚度由 0.211nm（水镁石）变为 0.220nm。片的收缩使八面体中心的 Mg 构成的面变形，使 Mg^{2+} 在 z 轴方向处于两种高度，彼此相距 0.04nm。与此相应，联结四面体片和八面体片的 OH—O 平面也发生变形，使 OH^-、O 沿 z 轴方向位移，脱离同一水平，彼此相距 0.03nm。四面体片横向拉伸，厚度由理想的 0.220nm 减至 0.215nm，底面氧不再位于同一平面上，而是沿 z 轴方向产生 0.04nm 的差距[96]。利蛇纹石晶体结构如图 3-4 所示。

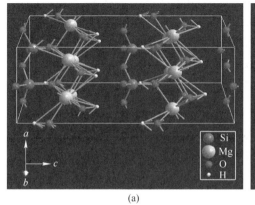

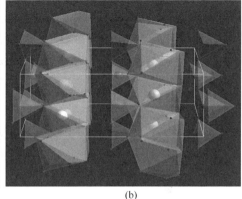

（a）   （b）

图 3-4　利蛇纹石晶体结构

（a）晶胞内原子构成；（b）晶体内配位多面体构成

3.1.5　滑石

滑石主要组分为 $Mg_3[Si_4O_{10}](OH)_2$，理论化学组成（质量分数 w）：MgO 含量为 31.72%，SiO_2 含量为 64.12%，H_2O 含量为 4.76%。其化学成分较稳定，Si 有时被 Al 代替，Mg 常被 Fe、Mn、Ni、Al 代替。滑石属于单斜晶系，$C2/c$ 空间群，$a_0 = 0.527nm$，$b_0 = 0.912nm$，$c_0 = 1.855nm$，$\beta = 100°$，$Z = 4$。滑石为 TOT 型三八面体型层状结构，特点是每个六方网层的 Si—O 四面体的活性氧指向同一方向，两层 Si—O 四面体的活性氧相对排列。OH^- 位于 Si—O 四面体网格中心，与活性氧处于同一水平层中。Mg、Fe、Ni 等离子位于 OH^- 和 O 形成的八面体空隙中，构成所谓氢氧镁石层，称三八面体型。由两层 Si—O 四面体和一层八面体构成的单位层内电价平衡，结合牢固，因而形态呈二维延展的片状。单位层间靠分子键联系。微小晶体呈六方或菱形板状，但少见，通常呈致密块状、片状或鳞片状集合体，致密块状者称块滑石。莫氏硬度 1，密度 2.6~2.8g/cm³。滑石晶体结构如图 3-5 所示。

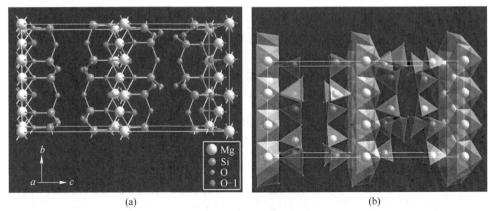

(a)　　　　　　　　　　　　　　　(b)

图 3-5　滑石晶体结构

(a) 晶胞内原子构成；(b) 晶体内配位多面体构成

3.1.6　石英

石英主要化学成分为 SiO_2，SiO_2 理论含量（质量分数 w）为 100%，是一种坚硬、耐磨、化学性能稳定的硅酸盐矿物，常含有少量杂质成分如 Al_2O_3、CaO、MgO 等；属三方晶系，晶体呈由六方柱 {100} 与菱面体 {101} 和 {011} 所组成的柱状，柱面常具横的聚形条纹，菱面体晶面上具生长丘；莫氏硬度为 7，密度为 2.6~2.7g/cm³，性脆，无解理，贝壳状断口；油脂光泽，相对密度为 2.65g/cm³，其化学、热学和力学性能具有明显的异向性，不溶于酸，微溶于 KOH 溶液，熔点 1750℃；具压电性。石英晶体结构如图 3-6 所示。

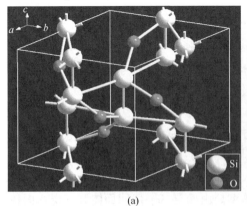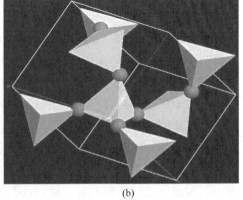

(a)　　　　　　　　　　　　　　　(b)

图 3-6　石英晶体结构

(a) 晶胞内原子构成；(b) 晶体内配位多面体构成

3.2 矿物晶体结构中化学键特征

矿物的解理和断裂特性与矿物的晶体结构有着密切的关系，矿物结构包括矿物内部的晶格构造、内部键的性质与强弱等。了解矿物的晶体结构，能根据晶体的解理规律预测矿物将从哪一部位裂开，裂开后表面应具有的性质，从而可以了解矿物的浮选特点[97]。

3.2.1 化学键的表征

3.2.1.1 静电键和离子剩余电价计算

根据鲍林（Pauling）静电键法则，静电键（S）是配位多面体中阳离子与阴离子之间的键的强度，为阳离子电价（Z）被配位数（n）所除得的商，见式（3-1）。每一个阴离子的电价等于或近似等于从邻近的阳离子至该阴离子的各静电价强度的总和，见式（3-2）。

$$S = \frac{Z}{n} \tag{3-1}$$

$$\zeta = \sum_i S_i = \sum_i \frac{Z}{n} \tag{3-2}$$

式中，S 为静电价强度；Z 为阳离子电价；n 为配位数；ζ 为离子剩余电价。

3.2.1.2 矿物结构中阴阳离子间的静电引力计算

矿物结构中阴阳离子间的静电引力可用库仑定律来计算：

$$F = K \frac{2Ze^2}{(R_c + R_a)^2} \tag{3-3}$$

式中，F 为阴离子与阳离子之间的静电引力，C；Z 为阳离子的电价；e 为电子的电量，1.6×10^{-19}C；R_c 为阳离子半径；R_a 为阴离子半径，O^{2-} 半径为 0.14nm；K 为常数，为 9×10^9 N·m²/C²。

在式（3-3）中，R_c、R_a 采用鲍林离子半径，各离子半径数值通过无机晶体结构数据库（ICSD）软件 Find It 可以得到，因此根据式（3-3）可以计算出阴阳离子间的静电引力。

3.2.1.3 Mn^+—O^{2-}键离子键百分数的计算

在含镁矿物的晶体结构中，同样不存在纯离子键和纯共价键，离子键成分越大，键的极性就越大，键就越容易断裂，因此含镁矿物的晶体表面与水的相互作用活性就越强，即亲水性越强；相反，当共价键成分越大时，键的非极性程度就越大，键越难以断裂，矿物的晶体表面与水相互作用的活性就较弱，即其晶体表面疏水性就越强。

鲍林提出如下经验公式来计算化合物中键的离子性：

$$\psi = \left[1 - e^{\frac{-(X_A - X_B)}{4}} \right] \times 100\% \tag{3-4}$$

式中，ψ 为化合物中离子键的百分数；X_A、X_B 为化合物中两种原子的电负性。

3.2.1.4　矿物结构中阴阳离子间的相对键合强度计算

矿物晶体结构中结晶格子的强度还可以通过阴阳离子的相对键合强度来衡量，见式 (3-5)：

$$\sigma = \frac{KW_k W_a}{CN \cdot d^2} \beta \tag{3-5}$$

式中，σ 为阴阳离子的键合强度；K 为键合强度系数，大小取决于共价程度；W_k 为正离子电价；W_a 为负离子电价；CN 为正离子配位数；d 为正负离子间距；β 为键合弱化系数，$\beta = 0.7 \sim 1.0$。

根据式 (3-5)，可以计算出矿物结构中 M^{n+}—O^{2-} 的相对键合强度。M^{n+}—O^{2-} 的相对键合强度越大，键越牢固，矿物解离时键就越难以断裂。

3.2.1.5　矿物结构中 Mn^{n+}—O^{2-} 平均键价的计算

键价理论认为，键价的高低是衡量键强弱的一个量度，键价高键强，键价低键弱；长键与较低键价对应，短键与较高的键价相对应。20 世纪 70 年代加拿大学者布朗 (I. D. Brown) 等针对键长、键价提出下列指数关系式：

$$S = \left(\frac{R}{R_0} \right)^{-N} \quad \text{或} \quad S = e^{-\left(\frac{R - R_0}{B} \right)} \tag{3-6}$$

式中，S 为键价；R 为键长；R_0 与 N（或 R_0 与 B）与原子种类、价态有关的经验常数。

查阅文献可获得与 O 相连的各种金属的 R_0、N 和 B 值。当得知晶体结构中各化学键的平均键长后，可以通过式 (3-6) 计算出 M^{n+}—O^{2-} 的平均键价。

3.2.1.6　矿物结构中 Mn^{n+}—O^{2-} 键极性（离子键极性）的计算

有文献对矿物化学键中离子键性的程度和原子的有效电荷用晶体结构方法来进行评价。计算公式如下：

矿物结构中离子的键力 F 计算公式（其中，M 代表金属，X 代表非金属）：

$$F = \frac{Z}{CN \cdot r_c^2} \tag{3-7}$$

式中，F 为键力；Z 为成键电子与核分开后原子核的电价数；CN 为离子配位数；r_c 为离子共价半径。

其中：

$$r_c^X = \frac{d - (r_0^X + r_0^M)}{2} + r_0^X$$

$$r_c^M = \frac{d - (r_0^X + r_0^M)}{2} + r_0^M$$

式中，d 为离子间距；r_0^X、r_0^M 为鲍林离子半径。

那么，离子键极性计算公式如下：

$$\lambda = \frac{F_X - F_M}{F_X + F_M} \tag{3-8}$$

式中，F_X 为非金属离子的键力；F_M 为金属离子的键力；λ 为键力的比值，λ 越大，表示键的极性越大，所占的离子键成分越大。

由式（3-1）~式（3-8）计算出菱镁矿、白云石、蛇纹石、滑石及石英晶体结构中 M^{n+}—O^{2-} 平均键长、静电价强度、M^{n+}—O^{2-} 离子键百分数、M^{n+}—O^{2-} 库仑力以及 M^{n+}—O^{2-} 键的平均键价。

3.2.2 化学键参数计算及分析

矿物晶体结构中化学键种类及性质对矿物的断裂面和断裂面暴露的离子有决定性作用，因此考察了菱镁矿及其伴生矿物中 M^{n+}—O^{2-} 键的性质。通过一些晶体化学的计算公式，对菱镁矿、白云石、蛇纹石、滑石和石英晶体结构中 M^{n+}—O^{2-} 平均键长、静电价强度、库仑力、离子键百分数、离子键极性、键合强度以及 M^{n+}—O^{2-} 键的平均键价进行了理论计算，结果见表 3-1。

表 3-1 矿物晶格中 M^{n+}—O^{2-} 键性质的计算结果

矿　物	菱镁矿/水镁石/白云石			蛇纹石/滑石		石英
阳离子（M^{n+}）	Ca^{2+}	Mg^{2+}	C^{4+}	Mg^{2+}	Si^{4+}	Si^{4+}
电价 Z	2	2	4	2	4	4
离子半径 R_c/nm	0.100	0.072	0.016	0.072	0.034	0.034
配位数 n 或 CN	6	6	3	6	4	4
元素电负性	1.00	1.31	2.55	1.31	1.74	1.74
静电价强度 $S = Z/n$	1/3	1/3	4/3	1/3	1	1
M^{n+}—O^{2-} 平均键长/nm	0.251	0.210	0.156	0.210	0.162	0.162
M^{n+}—O^{2-} 离子键百分数/%	77.97	73.66	17.97	73.66	53.90	53.90

矿　　物	菱镁矿/水镁石/白云石			蛇纹石/滑石		石英
M^{n+}—O^{2-}库仑力/N	1.837×10^{-8}	2.400×10^{-8}	9.404×10^{-8}	2.400×10^{-8}	3.556×10^{-8}	3.556×10^{-8}
M^{n+}—O^{2-}离子键极性	0.724	0.78	—	0.78	0.626	0.626
M^{n+}—O^{2-}键合强度 σ	0.095~0.135	0.142~0.193	5.437~7.765	0.142~0.193	0.78~1.11	0.78~1.11
M^{n+}—O^{2-}键的平均键价	0.229	0.331	0.541	0.331	1.02	1.02

通过表 3-1 中的 M^{n+}—O^{2-} 键性质的各个表征量可以推断矿物的一些性质。M^{n+}—O^{2-} 平均键长越长，M^{n+} 与 O^{2-} 之间的键力越弱。由表 3-1 可知，M^{n+}—O^{2-} 平均键长大小关系为 Ca^{2+}—O^{2-} > Mg^{2+}—O^{2-} > Si^{4+}—O^{2-} > C^{4+}—O^{2-}。因此可以推断，在菱镁矿中优先断裂的是 Mg^{2+}—O^{2-}，表面暴露的是 Mg^{2+} 和 O^{2-}；水镁石中优先断裂的是 Mg^{2+}—O^{2-}，表面暴露的是 Mg^{2+} 和 O^{2-}；白云石中优先断裂的是 Ca^{2+}—O^{2-}，其次为 Mg^{2+}—O^{2-}，表面暴露的是 Ca^{2+}、Mg^{2+} 和 O^{2-}；蛇纹石中优先断裂的是 Mg^{2+}—O^{2-}，表面暴露的是 Mg^{2+} 和 O^{2-}；石英中优先断裂的是 Si^{4+}—O^{2-}；滑石为 TOT 型-三八面体型层状结构，层间为范德华力，比化学键力弱，因此滑石主要沿层间发生解离，表面呈现电中性，只有层端面暴露 Mg^{2+} 和 O^{2-}。

矿物表面暴露的 Ca^{2+}、Mg^{2+} 可以与脂肪酸类捕收剂形成难溶化合物，从而使脂肪酸类捕收剂在矿物表面附着，使矿物被捕收。因此菱镁矿和白云石可以被脂肪酸类捕收剂捕收，而石英不易被脂肪酸类捕收剂捕收。当矿浆中添加六偏磷酸钠作调整剂时，Ca^{2+}、Mg^{2+} 能与磷酸氢根离子和磷酸二氢根离子形成难溶性沉淀，从而吸附在菱镁矿和白云石表面产生抑制作用，Ca^{2+} 形成的沉淀溶解度更小，所以六偏磷酸钠对白云石的抑制作用更强。

M^{n+}—O^{2-} 离子键百分数是衡量键离子键成分的量，离子键成分越大，键的极性就越大，键就越容易断裂，因此矿物的晶体表面与水的相互作用活性就越强，即亲水性越强；相反，当共价键成分越大时，键的非极性程度就越大，键越难以断裂，矿物的晶体表面与水相互作用的活性就较弱，即其晶体表面疏水性就越强。Ca^{2+}—O^{2-} 离子键百分数相对最大，其次为 Mg^{2+}—O^{2-}，因此白云石中 Ca^{2+}—O^{2-} 最易断裂，且键的极性较强。由于 Mg^{2+}—O^{2-} 的离子键百分数也很大，键的极性较强，因此菱镁矿、水镁石、蛇纹石中主要沿 Mg^{2+}—O^{2-} 断裂。

M^{n+}—O^{2-} 库仑力表示矿物中阴阳离子的静电引力。由于 Ca^{2+}、Mg^{2+} 的离子半径大、带电荷少，因此 Ca^{2+}—O^{2-} 和 Mg^{2+}—O^{2-} 的库仑力比较小，容易断裂。M^{n+}—O^{2-} 离子键极性越强，亲水性越强。通过 M^{n+}—O^{2-} 键合强度 σ 可以比较直观地得出哪些键容易断裂，哪些键不容易断裂，从而判断矿物表面暴露离子。M^{n+}—O^{2-} 的平均键价也是一个反映键力大小的量，键的平均键价越高键力越大，键越不容易断裂。

综上所述，菱镁矿中容易断裂的键是 Mg^{2+}—O^{2-}，键的离子键性强，键的极性也强，因此菱镁矿表面暴露 Mg^{2+} 和 O^{2-}，易于被脂肪酸类捕收剂捕收，表面亲水性较强；水镁石中容易断裂的键是 Mg^{2+}—O^{2-}，键的离子键性强，键的极性也强，因此水镁石表面暴露 Mg^{2+} 和 O^{2-}，易于被脂肪酸类捕收剂捕收，表面亲水性较强；白云石中容易断裂的键是 Ca^{2+}—O^{2-}，Ca^{2+}—O^{2-} 的离子键百分数大于 Mg^{2+}—O^{2-}，键的极性也很强，因此白云石表面暴露 Ca^{2+}、O^{2-}，由于 Mg^{2+}—O^{2-} 与 Ca^{2+}—O^{2-} 性质相近，因此也会有 Mg^{2+}—O^{2-} 发生断裂，暴露出 Mg^{2+} 和 O^{2-}，易与被脂肪酸类捕收剂捕收，白云石表面亲水性也比较强；蛇纹石中发生断裂的键是 Mg^{2+}—O^{2-}，暴露出 Mg^{2+} 和 O^{2-}，但由于蛇纹石是 T—O 型层状硅酸盐类矿物，亲水性很强，因此不易被捕收；滑石由于解离面是层面，呈现非极性，表现出很好的疏水性，易于被脂肪酸类和胺类捕收剂捕收。

3.3 单矿物可浮性

3.3.1 油酸钠体系下矿物的可浮性

在油酸钠体系中，进行了菱镁矿、白云石、蛇纹石、滑石、水镁石和石英的单矿物浮选试验。试验在 30mL 的浮选槽中进行，3g 矿样，去离子水为 25mL，自然 pH 值条件。研究了油酸钠用量对这些单矿物浮选回收率的影响，结果如图 3-7 所示。

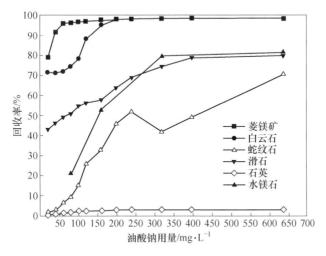

图 3-7 油酸钠用量与矿物回收率关系

由图 3-7 可知，除了石英以外各种矿物的回收率都随着油酸钠用量的增加而上升，当油酸钠用量为 160mg/L 时，菱镁矿和白云石的回收率上升开始平缓，达到 98% 左右；当油酸用量为 320mg/L 时，滑石的回收率上升开始平缓，达到

75%左右；当油酸钠用量为 320mg/L 时，水镁石的回收率上升开始平缓，达到 80%左右；当油酸钠用量为 640mg/L 时，蛇纹石的回收率达到 70%左右；石英的回收率一直接近于零。在油酸钠作捕收剂的条件下，矿物的可浮性顺序为：菱镁矿 > 白云石 > 滑石 > 水镁石 > 蛇纹石 > 石英。

　　菱镁矿、白云石、蛇纹石、滑石、水镁石和石英在油酸钠体系中不同 pH 值条件下，回收率的变化如图 3-8 所示。由图 3-8 结果可知，随着 pH 值的升高，菱镁矿的回收率总体呈升高趋势，回收率变化 10%左右，在 pH 值为 11 时达到最高；白云石的回收率在 pH 值大于 9 以后略有下降，在 pH 值大于 11 以后有明显升高；水镁石的回收率在 pH 值大于 9.5 以后开始升高，在 pH 值大于 11 时回收率开始下降；蛇纹石的回收率开始随着 pH 值升高而升高，在 pH 值大于 11 时回收率下降；滑石的回收率随着 pH 值的升高，先升高后下降；石英的回收率一直很低，pH 值越高，回收率越低。

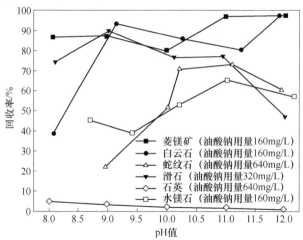

图 3-8　pH 值与矿物回收率的关系

3.3.2　十二胺体系下矿物的可浮性

　　在十二胺体系中，进行了菱镁矿、白云石、蛇纹石、滑石、水镁石和石英的单矿物浮选试验。试验在 30mL 的浮选槽中进行，3g 矿样，去离子水为 25mL，自然 pH 值条件。研究了十二胺用量对这些单矿物浮选回收率的影响，结果如图 3-9 所示。

　　由图 3-9 可得，菱镁矿在十二胺体系中的回收率很低，在十二胺用量达到 960mg/L 时，菱镁矿的回收率仍然低于 5%；白云石在十二胺体系中有一定的回收率，在十二胺用量超过 160mg/L 以后，白云石的回收率达到 50%并且基本保持不变；水镁石的回收率随着十二胺用量上升变化不大，在十二胺用量为

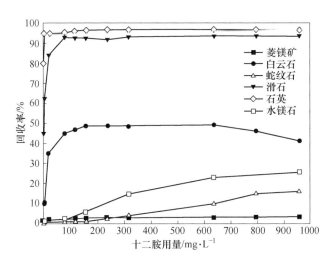

图 3-9　十二胺用量与矿物回收率关系

640mg/L 以后，回收率仍低于 25%；随着十二胺用量的增加蛇纹石的回收率增加不多，一直低于 20%；石英和滑石在十二胺用量低于 100mg/L 的条件下就有高于 90%的回收率。在十二胺为捕收剂时，矿物的可浮性大小顺序为：石英 > 滑石 > 白云石 > 水镁石 > 蛇纹石 > 菱镁矿。

　　十二胺体系下，不同 pH 值对五种单矿物可浮性的影响如图 3-10 所示。浮选条件为：3g 矿样，去离子水 25mL，十二胺用量为变量。由图 3-10 可得，在 pH 值为 8~12 的范围内，五种单矿物的回收率随 pH 值变化很小，同种矿物的回收率差值保持在 5%以内。

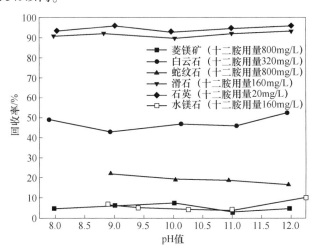

图 3-10　矿物回收率与 pH 值的关系

3.4　六偏磷酸钠对矿物可浮性的影响

3.4.1　油酸钠体系下六偏磷酸钠对矿物可浮性的影响

为了考察六偏磷酸钠对菱镁矿、白云石、蛇纹石、滑石、水镁石和石英可浮性的影响，进行了六偏磷酸钠用量的试验。试验条件为：矿样 3g，去离子水 25mL，矿浆 pH 值为 11 左右，试验结果如图 3-11 所示。

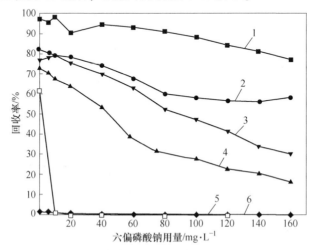

图 3-11　六偏磷酸钠用量对矿物回收率的影响

1—菱镁矿（油酸钠 160mg/L）；2—白云石（油酸钠 160mg/L）；3—滑石（油酸钠 320mg/L）；
4—蛇纹石（油酸钠 640mg/L）；5—石英（油酸钠 640mg/L）；6—水镁石（油酸钠 320mm/L）

由图 3-11 结果可知，在油酸钠体系下，六偏磷酸钠对所有矿物都有抑制作用，在六偏磷酸钠用量在 160mg/L 时，菱镁矿的回收率下降了 20%，白云石的回收率下降了 25%；六偏磷酸钠对滑石和蛇纹石抑制作用也很明显，蛇纹石的回收率由 70% 下降到了 5% 以下，滑石的回收率也下降了 45%；很少的六偏磷酸钠用量就使水镁石的回收率下降为零；石英的回收率仍然很低。

3.4.2　十二胺体系下六偏磷酸钠对矿物可浮性的影响

为了考察在十二胺体系下调整剂六偏磷酸钠对含镁矿物及其伴生矿物的可浮性影响，进行了六偏磷酸钠用量的试验。试验条件：矿样 3g，去离子水 25mL，矿浆 pH 值为 10 左右。试验结果如图 3-12 所示。

图 3-12 为十二胺体系下六偏磷酸钠对矿物回收率的影响。由图 3-12 可知，在十二胺体系中，少量的六偏磷酸钠使菱镁矿、水镁石和白云石的回收率上升，随着六偏磷酸钠用量的增加，菱镁矿和白云石的回收率逐渐下降；六偏磷酸钠对

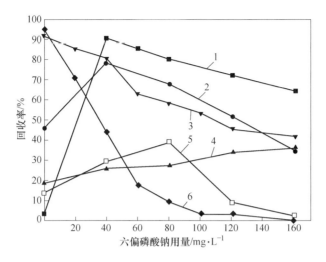

图 3-12 六偏磷酸钠用量对矿物回收率的影响

1—菱镁矿（十二胺 800mg/L）；2—白云石（十二胺 320mg/L）；3—滑石（十二胺 160mg/L）；
4—蛇纹石（十二胺 800mg/L）；5—水镁石（十二胺 640mg/L）；6—石英（十二胺 20mg/L）

蛇纹石的回收率也有提高效果，随着六偏磷酸钠用量的增加，蛇纹石回收率升高；六偏磷酸钠对石英和滑石有强烈的抑制作用，随着六偏磷酸钠用量的增加，石英和滑石的回收率明显下降。

3.5 水玻璃对矿物可浮性的影响

3.5.1 油酸钠体系下水玻璃对矿物可浮性的影响

为了考察油酸钠体系中水玻璃对含镁矿物及其伴生矿物可浮性的影响，进行了调整剂水玻璃添加量的试验。试验条件：矿样 3g，去离子水 25mL，矿浆 pH 值为 11 左右。图 3-13 为油酸钠体系下水玻璃用量对矿物回收率的影响。

由图 3-13 可知，水玻璃对菱镁矿、白云石和蛇纹石都有一定的抑制作用，3 种矿物的回收率都下降了 20% 以上；水玻璃能提高滑石的回收率，使滑石的回收率上升了 10% 左右；少量水玻璃使水镁石的回收率升高，随着水玻璃用量继续增加，水镁石的回收率又开始下降；石英的回收率仍然很低。

3.5.2 十二胺体系下水玻璃对矿物可浮性的影响

在十二胺体系下，考察了水玻璃用量对含镁矿物及其伴生矿物浮选回收率的影响。试验条件：矿样 3g，去离子水 25mL，矿浆 pH 值为自然条件，试验结果如图 3-14 所示。

由图 3-14 可知，在十二胺体系下，水玻璃对白云石和蛇纹石有明显的抑制

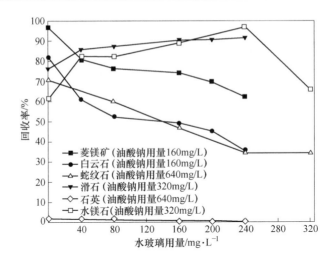

图 3-13   水玻璃用量对矿物回收率的影响

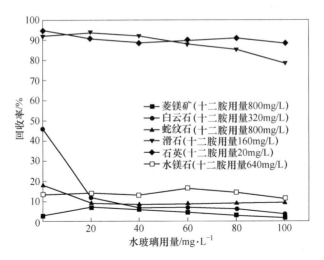

图 3-14   水玻璃用量对矿物回收率的影响

作用；水玻璃对滑石、水镁石和石英的抑制作用不明显；少量水玻璃对菱镁矿有活化作用，随着水玻璃用量增多，对菱镁矿变成抑制作用，活化作用和抑制作用都不明显。

4 矿物可浮性交互影响

4.1 不同含量矿物间的交互影响

4.1.1 白云石、蛇纹石、滑石和石英对菱镁矿浮选的影响

为了考察伴生矿物白云石、蛇纹石、滑石、石英对菱镁矿浮选的影响，进行了伴生矿物添加量的试验。试验条件由单种矿物浮选时的分选条件选取。各种伴生矿物的添加量根据实际矿石中含量比选取。

4.1.1.1 油酸钠体系下含镁矿物和石英对菱镁矿浮选的影响

A 不添加调整剂

在油酸钠体系下，考察了白云石、蛇纹石、滑石和石英对菱镁矿浮选回收率的影响，试验条件为：矿样总质量 3g，pH 值在 9 左右，添加白云石时油酸钠用量为 80mg/L，添加蛇纹石、滑石和石英时油酸钠用量为 160mg/L。

如图 4-1 所示，在不添加调整剂的情况下，蛇纹石和滑石对菱镁矿的回收率影响不大；当白云石的含量超过 8% 时，会使菱镁矿的回收率下降到 90% 以下，但随着白云石含量的继续增加，菱镁矿回收率变化不大。当石英的含量超过 10% 以后，会使菱镁矿的回收率降到 90% 以下，之后随着石英含量的升高，菱镁矿的回收率变化不大。

B 添加六偏磷酸钠

在油酸钠体系下，六偏磷酸钠作为调整剂时，考察了白云石、蛇纹石、滑石和石英对菱镁矿浮选回收率的影响，试验条件为：矿样总质量 3g，六偏磷酸钠用量 40mg/L，pH 值在 11 左右，添加白云石时油酸钠用量为 80mg/L，添加蛇纹石、滑石和石英时油酸钠用量为 160mg/L。

如图 4-2 所示，在油酸钠体系下，添加六偏磷酸钠为调整剂时，伴生矿物的添加都会使菱镁矿的回收率下降，四种伴生矿物对菱镁矿的抑制作用由强到弱依次为：蛇纹石 > 滑石 > 石英 > 白云石。菱镁矿回收率随着白云石添加量的增加而下降；蛇纹石的添加大大抑制了菱镁矿，使菱镁矿的回收率迅速下降到 10% 以下；随着滑石的添加，菱镁矿的回收率下降，当滑石的添加量大于 6% 时，菱镁矿回收率基本不变；石英的添加使菱镁矿回收率下降，当石英添加量为 2% ~

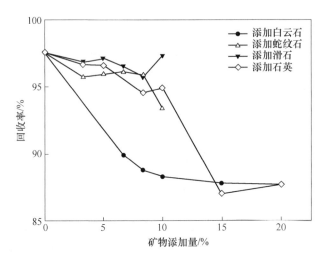

图 4-1 伴生矿物添加量对菱镁矿回收率的影响

15%时，菱镁矿的回收率基本不变，当石英添加量大于 15%时，菱镁矿回收率又下降。这与六偏磷酸钠对单个伴生矿物的抑制作用强弱有一定相关性，如图 3-11 所示，六偏磷酸钠对伴生矿物的抑制效果强弱顺序为：蛇纹石 > 滑石 > 白云石，由于石英的回收率很低，因而看不出变化程度。可见，六偏磷酸钠可以通过抑制伴生矿物而对菱镁矿的浮选产生抑制作用。

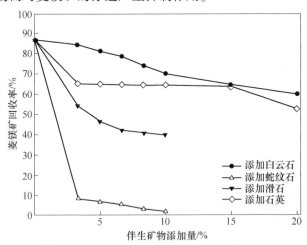

图 4-2 伴生矿物添加量对菱镁矿回收率的影响

C 添加水玻璃

油酸钠体系下，添加水玻璃作为调整剂，进行伴生矿物的添加量试验，试验条件为：矿样总质量为 3g，油酸钠用量为 160mg/L，水玻璃用量为 80mg/L，pH

值在 11 左右。图 4-3 为白云石、蛇纹石、滑石和石英添加量对菱镁矿浮选回收率的影响。

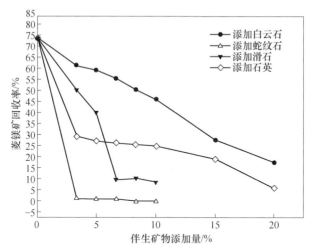

图 4-3 伴生矿物添加量对菱镁矿回收率的影响

由图 4-3 可得，伴生矿物的添加降低了菱镁矿的回收率。随着白云石添加量的增大，菱镁矿回收率下降；蛇纹石的添加大大抑制了菱镁矿；滑石的添加也在很大程度上降低了菱镁矿的回收率，当滑石添加量为 6% 时，菱镁矿回收率降到 10%，随着滑石添加量的增大，菱镁矿的回收率基本不变；石英的添加降低了菱镁矿回收率，当石英添加量在 2%~15% 时，菱镁矿的回收率变化不大，当石英的添加量大于 15% 时，菱镁矿的回收率继续下降。

由油酸钠体系下伴生矿物对菱镁矿浮选回收率影响结果可以得出：在不添加调整剂的情况下，伴生矿物对菱镁矿的回收率影响不大，当添加六偏磷酸钠和水玻璃作为调整剂时，伴生矿物的添加都使菱镁矿的回收率大幅下降。由此可以得出，当菱镁矿中只含有少量白云石时，可以通过油酸钠正浮选回收菱镁矿；当菱镁矿中含有蛇纹石、滑石和石英，并且含量比较大时，通过油酸钠配合单一的六偏磷酸钠或者水玻璃的正浮选体系不能有效地回收菱镁矿。因此，先脱除硅酸盐矿物再通过油酸钠捕收剂提镁是合理的工艺流程。

4.1.1.2 十二胺体系下含镁矿物和石英对菱镁矿浮选的影响

为了考察在十二胺体系下伴生矿物添加量对菱镁矿可浮性的影响，进行了伴生矿物添加量试验，试验条件为：矿样总质量 3g，十二胺添加量为 160mg/L，自然 pH 值，不添加调整剂。图 4-4 为白云石、蛇纹石、滑石和石英的添加量对菱镁矿浮选回收率的影响。

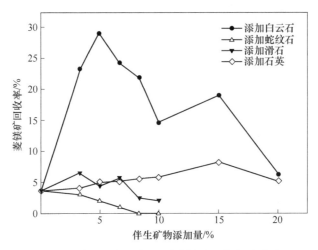

图 4-4 伴生矿物添加量对菱镁矿回收率的影响

由图 4-4 可得,白云石的添加在一定程度上活化了菱镁矿,使菱镁矿的回收率升高;蛇纹石的添加抑制菱镁矿,使菱镁矿的回收率降低到零;滑石的添加使菱镁矿回收率略有上升,当滑石添加量大于 8% 时,菱镁矿回收率降低;石英的添加对菱镁矿也略有活化作用。

由十二胺体系中伴生矿物添加量对菱镁矿回收率影响试验结果可以得出,当菱镁矿中不含白云石,并且脉石矿物在十二胺体系中的可浮性较好时,可以通过十二胺反浮选除去脉石矿物。但是,当白云石含量较高时,会降低精矿的回收率。

4.1.2 白云石、蛇纹石、滑石对石英浮选的影响

4.1.2.1 油酸钠体系下含镁矿物对石英浮选的影响

A 不添加调整剂

石英是菱镁矿中的主要脉石矿物,SiO_2 含量也是菱镁矿产品质量评价的一个重要指标,白云石、蛇纹石和滑石的存在不仅会对菱镁矿浮选产生影响,对石英的浮选也会产生影响,因此研究白云石、蛇纹石和滑石对石英的影响,对研究菱镁矿与石英以及其他脉石矿物的分离也有重要意义。

在油酸钠体系下,白云石、蛇纹石和滑石的添加量对石英浮选回收率会产生影响,因此进行了伴生矿物添加量的试验。试验条件:矿样总质量 3g,油酸钠用量 160mg/L,矿浆自然 pH 值为 8.5 左右。

由图 4-5 可知,在油酸钠体系中,白云石、滑石和蛇纹石的添加都对石英的回收率有不同程度的提高。当滑石的添加量为 10% ~ 20% 时的作用较强,使石英

的回收率提高到了 12%，之后随着滑石添加量的增加，石英的回收率又逐渐降低；白云石的添加也提高了石英的回收率，当添加量超过 30% 以后，使石英的回收率提高到了 10% 以上，之后随着添加量的上升，石英的回收率还有所提高；蛇纹石的添加也提高了石英的回收率，在添加量为 30% 时，石英的回收率接近 10%。

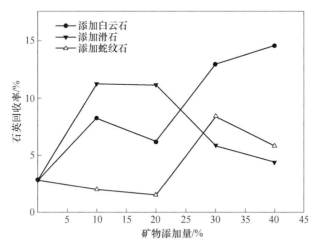

图 4-5　伴生矿物添加量对石英回收率的影响

B　添加六偏磷酸钠

在油酸钠体系下，六偏磷酸钠作为调整剂时，白云石、蛇纹石和滑石的添加量对石英浮选回收率会产生影响，因此进行了伴生矿物添加量的试验。试验条件：矿样总质量 3g，油酸钠用量 160mg/L，六偏磷酸钠用量 20mg/L，pH 值为 11 左右。

由图 4-6 可得，在油酸钠体系中，六偏磷酸钠作为调整剂的条件下，白云石和蛇纹石的添加提高了石英的回收率，使石英的回收率上升了 20% 以上，伴生矿物的添加对石英回收率的提高比不添加调整剂情况下要强；其中，滑石的添加对石英回收率的影响不大。

C　添加水玻璃

在水玻璃作为调整剂的条件下，考察了白云石、蛇纹石、滑石添加量对石英可浮性的影响。试验条件为：矿样总质量 3g，油酸钠用量 160mg/L，水玻璃用量 80mg/L，pH 值为 11 左右。

由图 4-7 可得，白云石和蛇纹石的含量超过 30% 以后，石英的回收率略有提高；滑石的添加量大于 20% 后对石英的回收率略有提高。

由油酸钠体系中伴生矿物添加量对石英回收率影响的试验结果可以得出，当脉石矿物中含有白云石和蛇纹石时，会活化石英，对菱镁矿正浮选降硅不利。

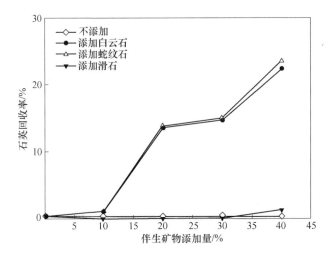

图 4-6 伴生矿物添加量对石英回收率的影响

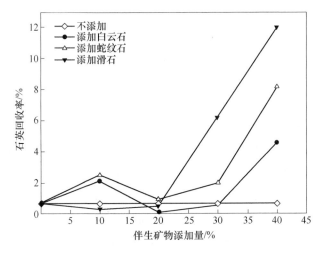

图 4-7 伴生矿物添加量对石英回收率的影响

4.1.2.2　十二胺体系下含镁矿物对石英浮选的影响

在十二胺体系下进行了白云石、蛇纹石、滑石添加量对石英可浮性影响的试验，试验条件为：矿样总质量 3g，十二胺用量 160mg/L，自然 pH 值。

试验结果如图 4-8 所示，白云石和蛇纹石的添加使石英在十二胺体系中的回收率略有升高；滑石的添加使石英的回收率下降。

由十二胺体系中伴生矿物添加量对石英浮选回收率影响的试验结果可以得出，当脉石矿物中同时含有石英和滑石时，滑石的存在会影响菱镁矿中石英的脱除，需要增加反浮选次数或者增大药剂用量。

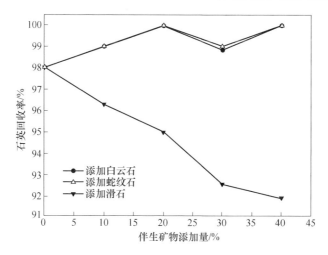

图 4-8 伴生矿物添加量对石英回收率的影响

4.1.3 白云石、蛇纹石、滑石对菱镁矿与石英混合矿浮选的影响

4.1.3.1 油酸钠体系下含镁矿物对菱镁矿和石英混合矿浮选的影响

A 不添加调整剂

在油酸钠体系下，进行了白云石、蛇纹石、滑石添加量对菱镁矿与石英混合矿的浮选影响的试验，试验条件为：2.7g 菱镁矿与 0.3g 石英混合，添加其他矿物，油酸钠用量 160mg/L，矿浆自然 pH 值在 8.5 左右。

图 4-9 为白云石添加量对菱镁矿与石英混合矿浮选回收率的影响，由图中可知，在菱镁矿与石英混合矿中，白云石的添加使菱镁矿的回收率先下降后上升，使石英的回收率略有上升。由此可以得出，白云石添加量在 0~6% 范围内对菱镁矿有一定程度的抑制作用，抑制作用不明显；当白云石的添加量大于 6% 时对菱镁矿的抑制作用开始减弱。

图 4-10 为蛇纹石添加量对菱镁矿与石英混合矿浮选回收率的影响，由图中可知，蛇纹石的添加量较少时较大地降低了菱镁矿的回收率，随着蛇纹石添加量的增加，菱镁矿的回收率又逐渐恢复。而随着蛇纹石添加量的升高，石英的回收率逐渐上升，可见蛇纹石对石英有一定活化作用。

如图 4-11 所示，少量滑石的添加会降低菱镁矿的回收率，但是随着滑石添加量的增加，菱镁矿的回收率又上升到原来的水平；滑石的添加对石英的影响也是先降低其回收率，后使其回收率升高。因此，少量的滑石对混合矿中的菱镁矿和石英都有一定程度的抑制作用，但当滑石的添加量大于 6% 时，抑制作用消失，对石英仍有活化作用。

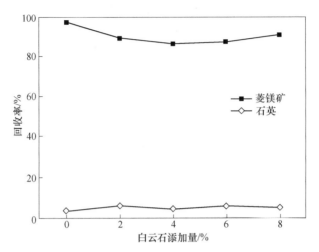

图 4-9　白云石添加量对菱镁矿与石英混合矿浮选回收率的影响

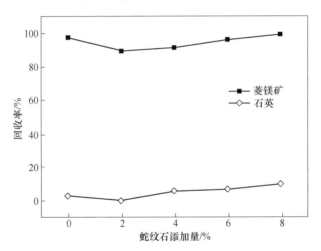

图 4-10　蛇纹石添加量对菱镁矿与石英混合矿浮选回收率的影响

B　添加六偏磷酸钠

在油酸钠体系下，六偏磷酸钠作为调整剂，进行了白云石、蛇纹石、滑石添加量对菱镁矿与石英混合矿的浮选影响的试验，试验条件为：菱镁矿 2.7g 与 0.3g 石英混合，添加其他矿物，油酸钠用量 160mg/L，六偏磷酸钠用量 20mg/L，矿浆自然 pH 值为 11 左右。

图 4-12 为白云石添加量对菱镁矿与石英混合矿浮选回收率的影响，由图可知，在菱镁矿与石英混合矿中，白云石的添加使菱镁矿的回收率先下降后上升，使石英的回收率略有上升。由此可以得出，白云石添加量在 0~6% 范围内对菱镁矿有一定程度的抑制作用，抑制作用不明显；当白云石的添加量大于 6% 时对菱镁矿和石英都有活化作用。

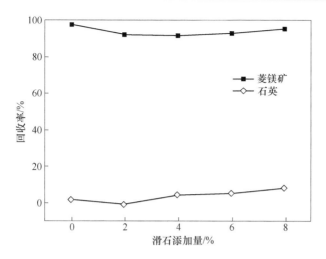

图 4-11 滑石添加量对菱镁矿与石英混合矿浮选回收率的影响

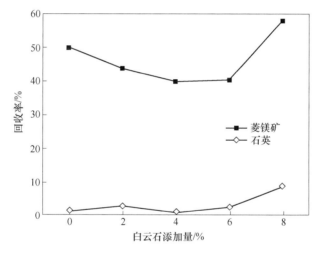

图 4-12 白云石添加量对菱镁矿与石英混合矿浮选回收率的影响

图 4-13 为蛇纹石添加量对菱镁矿与石英混合矿浮选回收率的影响，由图可知，蛇纹石的添加强烈抑制了菱镁矿，添加少量蛇纹石就能使菱镁矿的回收率急剧下降；蛇纹石的添加对石英也有一定程度的抑制作用，使石英的回收率降到零。

如图 4-14 所示，滑石的添加会降低菱镁矿的回收率，但是随着滑石添加量的增加，菱镁矿的回收率上升到原来的水平；滑石的添加对石英也是先降低其回收率，后使其回收率升高。因此，添加少量的滑石对混合矿中的菱镁矿和石英都有一定程度的抑制作用，但当滑石的添加量大于6%时抑制作用消失。

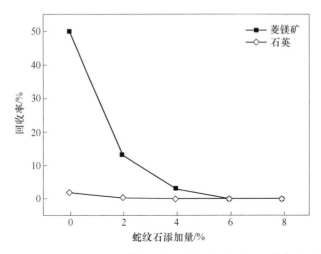

图 4-13　蛇纹石添加量对菱镁矿与石英混合矿浮选回收率的影响

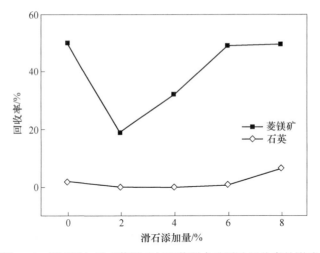

图 4-14　滑石添加量对菱镁矿与石英混合矿浮选回收率的影响

C　添加水玻璃

在油酸钠体系中，水玻璃作为调整剂的条件下，考察了白云石、蛇纹石、滑石添加量对菱镁矿和石英混合矿浮选回收率的影响。试验条件：菱镁矿 2.7g 与 0.27g 石英混合，添加其他矿物，油酸钠用量 160mg/L，水玻璃用量 80mg/L，矿浆自然 pH 值在 11 左右。图 4-15~图 4-17 为 3 种矿物添加量对菱镁矿与石英混合矿浮选回收率影响的试验结果。

由图 4-15 可知，白云石的添加对菱镁矿稍有活化作用，但是作用不明显；对石英稍有抑制作用，但作用不明显。当白云石添加量大于 6% 时，白云石的添

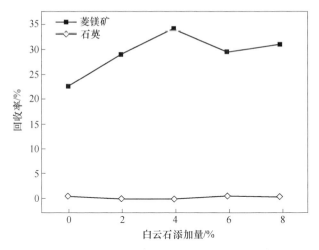

图 4-15 白云石添加量对菱镁矿与石英混合矿浮选回收率的影响

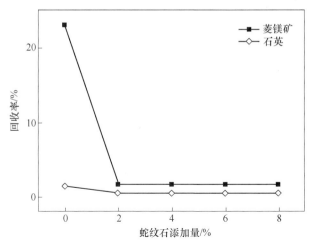

图 4-16 蛇纹石添加量对菱镁矿与石英混合矿浮选回收率的影响

加对菱镁矿和石英的影响基本消失。

图 4-16 为蛇纹石添加量对菱镁矿和石英混合矿浮选回收率的影响，由图可知，添加蛇纹石对菱镁矿和石英的浮选都有强烈的抑制作用，使菱镁矿和石英的回收率降到零，并且随着蛇纹石添加量的增大，菱镁矿和石英的回收率也没有回升。

图 4-17 为滑石添加量对菱镁矿和石英混合矿浮选回收率的影响，滑石的添加使菱镁矿的回收率升高，但随着滑石添加量的增大，菱镁矿的回收率略有下降；滑石的添加抑制了石英，当滑石添加量大于 6% 时，对石英的抑制作用消失。

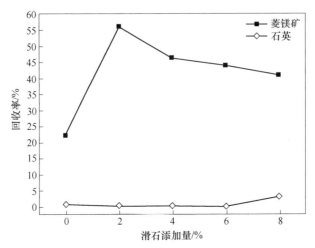

图 4-17　滑石添加量对菱镁矿与石英混合矿浮选回收率的影响

由油酸钠体系中伴生矿物添加量对菱镁矿与石英混合矿浮选回收率影响的试验结果可以得出，当菱镁矿中除了含有石英还含有其他脉石矿物时，单一的油酸钠正浮选配合水玻璃不能有效分离菱镁矿与脉石矿物，需要选用更有效的抑制剂或者联合其他分选方法。由于滑石硬度小，在磨矿过程中容易泥化，若想消除滑石对菱镁矿浮选体系的影响，可以考虑在进入浮选流程前进行脱泥处理。

4.1.3.2　十二胺体系下含镁矿物对菱镁矿和石英混合矿浮选的影响

在十二胺体系下，考察了白云石、蛇纹石、滑石添加量对菱镁矿和石英混合矿浮选回收率的影响，试验条件为：菱镁矿 2.7g 与 0.27g 石英混合，添加其他矿物，十二胺用量为 160mg/L，自然 pH 值。试验结果如图 4-18~图 4-20 所示。

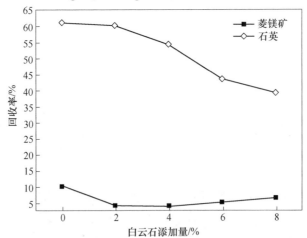

图 4-18　白云石添加量对菱镁矿与石英混合矿浮选回收率的影响

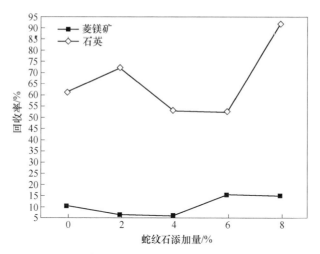

图 4-19 蛇纹石添加量对菱镁矿与石英混合矿浮选回收率的影响

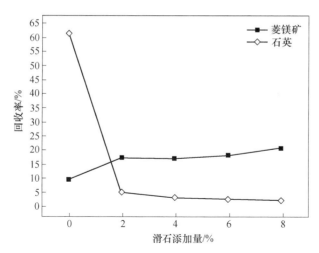

图 4-20 滑石添加量对菱镁矿与石英混合矿浮选回收率的影响

如图 4-18 所示，白云石的添加使菱镁矿的回收率略有下降，但随着白云石添加量的增加，菱镁矿的回收率略有回升；当白云石添加量小于 4% 时，对石英的回收率影响不大，但随着白云石添加量的增加，石英的回收率逐渐下降。

如图 4-19 所示，蛇纹石的添加使菱镁矿的回收率略有下降，但当蛇纹石的添加量大于 6% 时，菱镁矿的回收率有所提升；蛇纹石的添加活化了石英，使石英的回收率上升，随着蛇纹石添加量的增加，石英的回收率先下降再上升。

如图 4-20 所示，滑石的添加使菱镁矿的回收率升高了 10%，当滑石添加量大于 2% 以后，菱镁矿回收率变化不大；随着滑石的添加量增加，石英的回收率明显下降，当滑石添加量继续增加时，石英的回收率基本不变。

由十二胺体系中，伴生矿物添加量对菱镁矿与石英混合矿回收率影响的试验结果可以得出，当菱镁矿脉石矿物中含有石英、白云石、蛇纹石时，可以通过十二胺反浮选有效地脱除石英与白云石；当菱镁矿脉石矿物中含有石英和滑石时，可以先进行脱泥处理消除滑石的影响，或者针对滑石添加有效的分散剂。

4.1.4　蛇纹石和白云石对水镁石浮选的影响

4.1.4.1　油酸钠体系下两种矿物对水镁石浮选的影响

A　不添加调整剂

在油酸钠体系下，考察了白云石、蛇纹石对水镁石浮选回收率的影响，试验的条件为：矿样总质量 3g，油酸钠用量为 160mg/L，矿浆自然 pH 值在 10.5 左右。

图 4-21 为蛇纹石添加量对水镁石回收率的影响，由图中可知，添加蛇纹石能够降低水镁石的回收率，当蛇纹石的含量为 5% 时，就能够很明显地降低水镁石的回收率，随着蛇纹石含量的升高，水镁石的回收率变化不大。

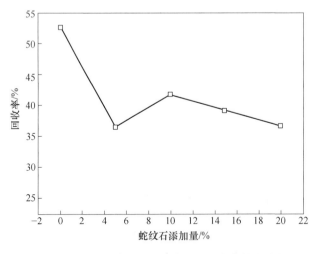

图 4-21　蛇纹石添加量对水镁石回收率的影响

图 4-22 是白云石添加量对水镁石回收率的影响，由图中可知，添加白云石能够降低水镁石的回收率，当白云石的含量为 2.5% 时，水镁石的回收率下降了 10% 左右，之后随着白云石含量的增加水镁石的回收率变化不大。

B　添加水玻璃

在油酸钠体系下，水玻璃为调整剂的条件下，考察了白云石、蛇纹石对水镁

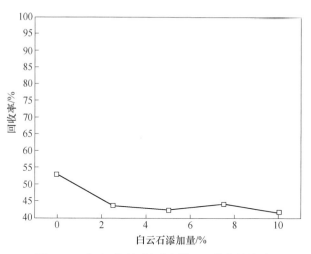

图 4-22　白云石添加量对水镁石回收率的影响

石浮选回收率的影响，试验条件为：矿样总质量 3g，矿浆自然 pH 值在 10.5 左右，油酸钠用量为 160mg/L，水玻璃用量 200mg/L，矿浆的自然 pH 值在 10.5 左右。

　　图 4-23 是油酸钠体系下，水玻璃为调整剂时，考察了蛇纹石添加量对水镁石回收率的影响，由图中可知，当蛇纹石的添加量为 2% 时，水镁石的回收率略有升高，随着蛇纹石添加量继续增加，水镁石的回收率逐渐下降；当蛇纹石的添加量超过 15% 以后，水镁石的回收率开始上升。

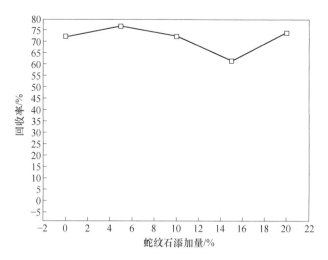

图 4-23　蛇纹石添加量对水镁石回收率的影响

图4-24是油酸钠体系下，水玻璃为调整剂时，考察了白云石添加量对水镁石回收率的影响，由图中可知，当白云石的添加量为2.5%时，水镁石的回收率下降了5%左右，之后随着白云石添加量增加到7.5%以后，水镁石的回收率开始升高。

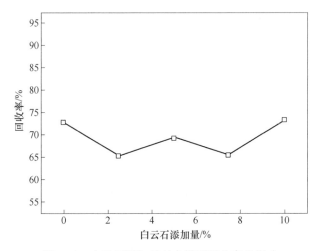

图4-24　白云石添加量对水镁石回收率的影响

由油酸钠体系下，蛇纹石和白云石添加量对水镁石可浮性影响的试验结果可知，当水镁石中含有白云石或蛇纹石时，水镁石的回收率会有所降低；当添加水玻璃作为调整剂时，水镁石的回收率变化不大。因此，水玻璃能够降低蛇纹石和白云石对水镁石浮选的不利影响。

4.1.4.2　十二胺体系下两种矿物对水镁石浮选的影响

为了考察在十二胺体系下伴生矿物添加量对水镁石可浮性的影响，进行了蛇纹石、白云石添加量试验，试验条件为：矿样总质量3g，十二胺用量为160mg/L，矿浆自然pH值在10.5左右，不添加调整剂。

图4-25是十二胺体系下，蛇纹石添加量对水镁石回收率的影响，由图中可知，随着蛇纹石添加量的升高，水镁石的回收率略有降低，但幅度不大；而蛇纹石的回收率有所升高，逐渐接近水镁石的回收率。

图4-26是十二胺体系下，白云石添加量对水镁石回收率的影响，由图中可知，添加白云石能使白云石和水镁石的回收率都有所下降。当白云石的添加量为2.5%时，水镁石的回收率下降到了10%以下，而白云石的回收率下降到了20%左右；之后随着白云石添加量的增加，水镁石回收率先上升后下降，总体变化幅度不大，而白云石的回收率先上升到接近其自身的回收率，然后又下降到接近20%。

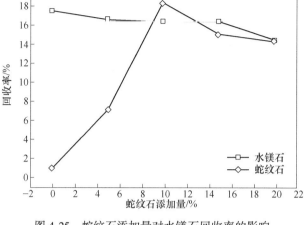

图4-25 蛇纹石添加量对水镁石回收率的影响

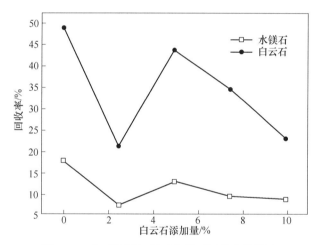

图4-26 白云石添加量对水镁石回收率的影响

由十二胺体系下，蛇纹石和白云石添加量对水镁石可浮性影响的试验结果可知，当水镁石中含有白云石或蛇纹石时，虽然它们的自然可浮性存在差异，但是它们之间的交互影响会降低该可浮性差异，使得它们在浮选体系中的可浮性趋于接近，不利于分选。

4.1.5 白云石对蛇纹石浮选的影响

4.1.5.1 油酸钠体系下白云石对蛇纹石浮选的影响

A 不添加调整剂

在油酸钠体系下，考察了白云石对蛇纹石浮选回收率的影响，试验条件为：

矿样总质量 3g，油酸钠用量为 160mg/L，矿浆自然 pH 值在 10.5 左右。

图 4-27 是油酸钠体系下，白云石的添加量对蛇纹石浮选回收率的影响，由图中可知，添加白云石能够降低蛇纹石的回收率，当白云石的添加量为 10% 时，蛇纹石的回收率下降到了 10% 以下，之后随着白云石添加量的升高，蛇纹石的回收率逐渐回升，但幅度不大；而白云石的回收率下降明显，当白云石添加量为 20% 时，其回收率下降到了 20% 左右，之后随着白云石含量的升高，其回收率逐渐上升，当白云石的添加量为 50% 时，其回收率仍没有超过蛇纹石的自然回收率。

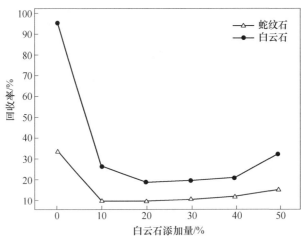

图 4-27　白云石添加量对蛇纹石回收率的影响

B　添加水玻璃

在油酸钠体系下，水玻璃为调整剂时，考察了白云石对蛇纹石浮选回收率的影响，试验条件为：矿样总质量 3g，油酸钠用量为 160mg/L，水玻璃用量 200mg/L，矿浆自然 pH 值在 10.5 左右。

图 4-28 是油酸钠体系下，水玻璃为调整剂时，考察了白云石添加量对蛇纹石回收率的影响，由图中可知，添加白云石能够略微提高蛇纹石的回收率，但幅度不大；随着白云石含量的升高，白云石的回收率先下降后回升，当白云石的添加量为 10% 时，其回收率下降到了 30% 左右，之后随着其含量的升高，白云石的回收率逐渐回升，当白云石的含量为 40% 时，其回收率恢复到了原本的回收率，之后又有所下降。

4.1.4.2　十二胺体系下白云石对蛇纹石浮选的影响

为了考察在十二胺体系下白云石对蛇纹石可浮性的影响，进行了蛇纹石中白云石的添加量试验，试验条件为：矿样总质量 3g，十二胺用量为 160mg/L，矿浆

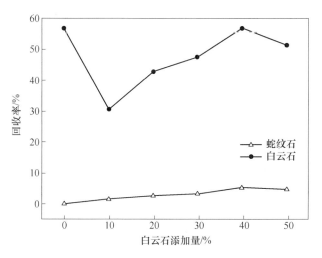

图 4-28 白云石添加量对蛇纹石回收率的影响

自然 pH 值在 10.5 左右，不添加调整剂。图 4-29 为白云石的添加量对蛇纹石浮选回收率的影响。

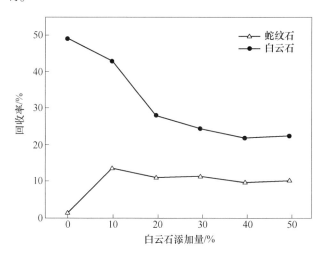

图 4-29 白云石添加量对蛇纹石回收率的影响

由图 4-29 中可知，在十二胺体系下，添加白云石能够提高蛇纹石的浮选回收率，当白云石的含量为 10% 时，蛇纹石的回收率从接近 0% 上升到了接近 14%，之后随着白云石添加量的升高，蛇纹石的回收率逐渐略有下降；而白云石的回收率下降很大，当白云石添加量为 40% 时，其回收率从 50% 左右下降到了 25% 左右。

4.1.6　白云石对水镁石和蛇纹石混合矿浮选的影响

4.1.6.1　油酸钠体系下白云石对水镁石和蛇纹石混合矿浮选的影响

A　不添加调整剂

在油酸钠体系下，进行了白云石添加量对水镁石与蛇纹石混合矿的浮选影响的试验，试验条件为：水镁石 2.7g 与蛇纹石 0.3g 混合，添加白云石，油酸钠用量 160mg/L，矿浆自然 pH 值在 10.5 左右。

图 4-30 是油酸钠体系下白云石的添加量对水镁石和蛇纹石混合矿浮选回收率的影响，由图中可知，添加白云石使水镁石的回收率略有下降，当白云石的添加量为 8.33% 时，水镁石的回收率下降到了 50.19%；白云石使蛇纹石的回收率有很大上升，当白云石的添加量为 8.33% 时，蛇纹石的回收率上升到了 40% 以上，之后随着白云石添加量的升高，蛇纹石的回收率又有所上升。

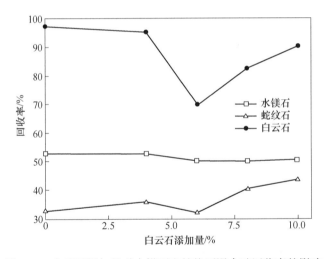

图 4-30　白云石添加量对水镁石和蛇纹石混合矿回收率的影响

B　添加水玻璃

在油酸钠体系下，水玻璃为调整剂时，进行了白云石添加量对水镁石与蛇纹石混合矿的影响试验，试验条件为：水镁石 2.7g 与 0.3g 蛇纹石混合，添加白云石，油酸钠用量 160mg/L，水玻璃用量为 200mg/L，矿浆自然 pH 值在 10.5 左右。

图 4-31 是油酸钠体系下，水玻璃为调整剂的条件下，白云石添加量对水镁石和白云石混合矿浮选回收率的影响，由图中结果可知，添加白云石使得水镁石的回收率先下降后回升，当白云石的添加量为 6% 时，水镁石的回收率下降到了

50%左右，之后随着白云石的含量上升到8%时，水镁石的回收率又回升到了72%左右；添加白云石使得蛇纹石的回收率有较大幅度上升，当白云石的含量为4%时，蛇纹石的回收率由0%上升到了43%，之后随着白云石含量的升高，蛇纹石的回收率略有下降之后又继续上升，当白云石的含量为8%时，蛇纹石的回收率上升到了60%左右。

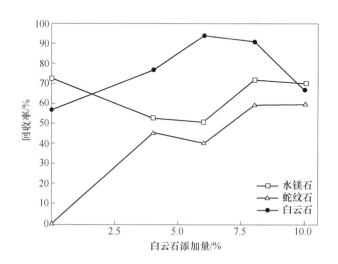

图4-31　白云石添加量对水镁石和蛇纹石混合矿回收率的影响

由以上结果可知，少量白云石的存在就会降低水镁石的回收率，同时提高蛇纹石的回收率，从而降低水镁石和蛇纹石的可浮性差异，因此，当有白云石存在时，会给水镁石与蛇纹石的浮选分离带来困难。

4.1.6.2　十二胺体系下白云石对水镁石和蛇纹石混合矿浮选的影响

在十二胺体系下，考察了白云石添加量对水镁石和蛇纹石混合矿浮选回收率的影响，试验条件为：水镁石2.7g与0.3g蛇纹石混合，添加白云石，十二胺用量为160mg/L，矿浆自然pH值为10.5左右。试验结果如图4-32所示。

由图4-32中可知，添加白云石能够提高水镁石和白云石的回收率，当白云石的添加量达到6%时，水镁石的回收率由18%提高到了30%，而蛇纹石的回收率由接近0%提高到了15%左右，之后随着白云石添加量的继续升高，水镁石和蛇纹石的回收率都有所降低；而随着白云石添加量的升高，白云石自身的回收率先下降后上升，当白云石添加量为4%时，白云石的回收率下降到了接近20%，之后随着白云石添加量的升高，其回收率逐渐回升。

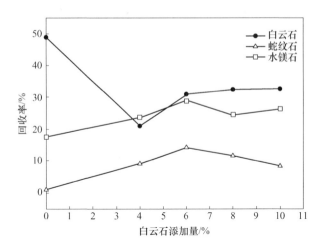

图 4-32　白云石添加量对水镁石和蛇纹石混合矿回收率的影响

4.1.7　蛇纹石对水镁石和白云石混合矿浮选的影响

4.1.7.1　油酸钠体系下蛇纹石对水镁石和白云石混合矿浮选的影响

A　不添加调整剂

在油酸钠体系下，进行了蛇纹石添加量对水镁石与白云石混合矿的可浮性影响的试验，试验条件为：水镁石 2.7g 与 0.3g 白云石混合，添加蛇纹石，油酸钠用量 160mg/L，矿浆自然 pH 值在 10.5 左右。

图 4-33 是油酸钠体系下，蛇纹石的添加量对水镁石和白云石混合矿浮选回收率的影响，由图中可知，添加蛇纹石能使水镁石和白云石的回收率都出现先下降后上升的现象，而蛇纹石的回收率先上升后下降。当蛇纹石的添加量为 5% 时，水镁石的回收率下降了约 8%，白云石的回收率下降了约 30%，而蛇纹石自身的回收率上升了约 15%。

B　添加水玻璃

在油酸钠体系下，水玻璃为调整剂时，进行了蛇纹石添加量对水镁石与白云石混合矿的可浮性影响的试验，试验条件为：水镁石 2.7g 与 0.3g 白云石混合，添加蛇纹石，油酸钠用量 160mg/L，水玻璃用量 200mg/L，矿浆自然 pH 值在 10.5 左右。

图 4-34 是油酸钠体系下，添加水玻璃为调整剂的条件下，蛇纹石的添加量对水镁石和白云石混合矿浮选回收率的影响，由图中可知，添加蛇纹石对水镁石回收率有一定的影响，当混合矿中蛇纹石的添加量为 5% 时，水镁石的回收率由 73% 下降到了 63%，之后随着蛇纹石添加量的上升，水镁石的回收率先回升后下

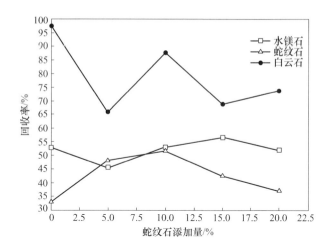

图 4-33   蛇纹石添加量对水镁石和白云石混合矿回收率的影响

降；当蛇纹石的添加量为 10% 时，白云石的回收率由 56% 上升到了接近 100%，之后随着蛇纹石添加量的进一步提高，白云石的回收率又有所下降；当蛇纹石的添加量为 5% 时，蛇纹石自身的回收率由 0% 上升到了 60% 左右，之后随着蛇纹石添加量的继续增加，蛇纹石的回收率先略有上升后略有下降。

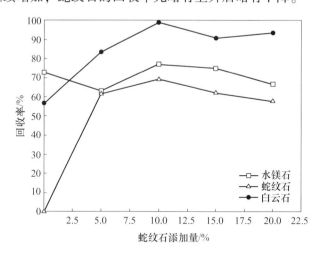

图 4-34   蛇纹石添加量对水镁石和白云石混合矿回收率的影响

由此可见，在油酸钠体系下用水玻璃为调整剂时，在水镁石和白云石同时存在时添加蛇纹石，会使蛇纹石的回收率大幅上升，同时降低了水镁石的回收率，使二者的回收率接近，从而给它们的分离带来困难；而且添加蛇纹石时，白云石的回收率也会大幅提升。

4.1.7.2 十二胺体系下蛇纹石对水镁石和白云石混合矿浮选的影响

在十二胺体系下，考察了蛇纹石添加量对水镁石和白云石混合矿浮选回收率的影响，试验条件为：水镁石 2.7g 与白云石 0.3g 混合，添加蛇纹石，十二胺用量为 160mg/L，矿浆自然 pH 值为 10.5 左右。试验结果如图 4-35 所示。

图 4-35 是在十二胺体系下，蛇纹石的添加量对水镁石和白云石混合矿浮选回收率的影响，由图中可知，在十二胺体系下添加蛇纹石对水镁石的回收率影响不大，随着蛇纹石添加量的上升，水镁石的回收率先略有下降，之后逐渐回升；而白云石的回收率随着蛇纹石添加量的上升而下降很大，当蛇纹石的添加量为 5% 时，白云石的回收率由 50% 下降到了 30% 左右，之后当蛇纹石的添加量增加到 20% 时，白云石的回收率下降到了 25% 左右。

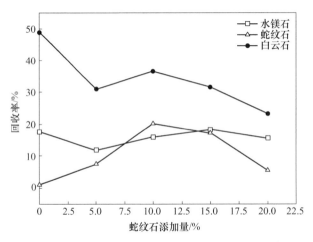

图 4-35 蛇纹石添加量对水镁石和白云石混合矿回收率的影响

由此可见，对于含有白云石和蛇纹石的水镁石，用十二胺反浮选脱除白云石的方法，会由于蛇纹石的影响使白云石和水镁石的可浮性差异缩小，造成两者分离困难。

4.2 不同粒级矿物间的交互影响

为了考察粒度对含镁矿物浮选的影响，将菱镁矿、水镁石、白云石、蛇纹石、滑石和石英分别分成 3 个粒级：0.067 ~ 0.1mm，0.045 ~ 0.067mm，小于 0.045mm。考察各个粒级的伴生矿物对浮选结果的影响。试验矿样总量为 3g，在考察伴生矿物对菱镁矿回收率影响时，白云石、蛇纹石、滑石的添加量为 10%，石英添加量为 20%；在考察伴生矿物对石英回收率的影响时，白云石、蛇纹石和滑石的添加量为 10%；在考察伴生矿物对水镁石回收率影响时，白云石的添加量为 10%，蛇纹石的添加量为 20%。在考察白云石对蛇纹石回收率影响时，白云石的添加量为 30%。

所得试验结果用柱状图表示，图中 A、B、C 分别代表 0.067~0.1mm，0.045~0.067mm，小于 0.045mm 3 个粒级，每组条柱用两个大写英文字母表示粒级以及粒级的组合，其中第一个字母表示主体矿物的粒级，第二个字母表示添加矿物的粒级。例如在考察白云石对菱镁矿的浮选影响时，AA 代表单独的 0.067~0.1mm 粒级的菱镁矿、单独的 0.067~0.1mm 粒级的白云石分别浮选的结果，A+A 代表 0.067~0.1mm 粒级的菱镁矿与 0.067~0.1mm 粒级的白云石混合浮选的结果。

4.2.1 不同粒级白云石、蛇纹石、滑石和石英对不同粒级菱镁矿浮选的影响

4.2.1.1 油酸钠体系下含镁矿物和石英对菱镁矿浮选的影响

A 不添加调整剂

在油酸钠体系下，考察了各个粒级的伴生矿物对各粒级菱镁矿浮选回收率的影响，试验条件为：油酸钠用量 160mg/L，矿浆自然 pH 值在 8.5 左右。试验结果如图 4-36~图 4-39 所示。

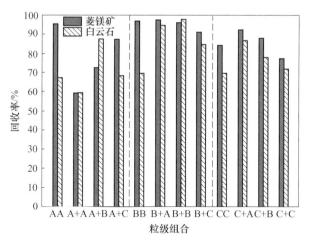

图 4-36 菱镁矿与白云石不同粒级混合矿浮选结果

图 4-36 为油酸钠体系下，不同粒级白云石对不同粒级菱镁矿产生的影响。由图中可知，不同粒级的菱镁矿在相同条件下回收率也有差别，0.045~0.067mm 粒级的菱镁矿回收率较高，小于 0.045mm 粒级的菱镁矿回收率最低。

3 个粒级的白云石都使 0.067~0.1mm 粒级菱镁矿回收率有所降低，其中 0.067~0.1mm 粒级的白云石使菱镁矿的回收率降低最大，由 95% 降低到了 60%，

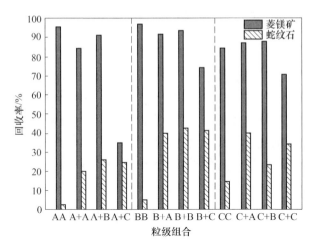

图 4-37 菱镁矿与蛇纹石不同粒级混合矿浮选结果

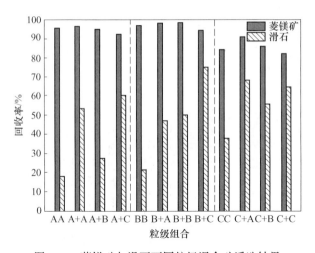

图 4-38 菱镁矿与滑石不同粒级混合矿浮选结果

小于 0.045mm 粒级的白云石使菱镁矿的回收率降低最少，而 0.045~0.067mm 粒级的白云石使 0.067~0.1mm 粒级的菱镁矿回收率降低的同时，白云石自身的回收率由 70% 提高到了 88% 左右。

3 个粒级的白云石使 0.045~0.067mm 粒级的菱镁矿的回收率略有降低，其中小于 0.045mm 粒级的白云石最多，使菱镁矿的回收率降低了 5% 左右，而各粒级白云石自身回收率都上升了 15% 以上。

3 个粒级的白云石对小于 0.045mm 粒级的菱镁矿回收率影响中，0.067~0.1mm 和 0.045~0.067mm 粒级的白云石使菱镁矿的回收率有所提高，小于 0.045mm 的白云石使菱镁矿的回收率略有降低，而 3 个粒级白云石自身的回收率

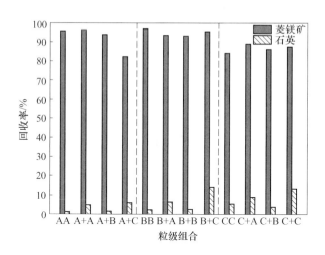

图 4-39 菱镁矿与石英不同粒级混合矿浮选结果

都有所提高，其中 0.067 ~ 0.1mm 粒级的白云石回收率提升最明显，提高了约 20%。

由上述试验结果可知，白云石的添加使 0.067 ~ 0.1mm 和 0.045 ~ 0.067mm 粒级的菱镁矿回收率略有降低，使小于 0.045mm 粒级的菱镁矿回收率略有提高。

图 4-37 为油酸体系下，3 个粒级蛇纹石对不同粒级菱镁矿浮选回收率的影响。由图 4-37 可知，小于 0.045mm 粒级的蛇纹石使 0.067 ~ 0.1mm 粒级的菱镁矿回收率降低最大，由 96% 降低到了 35%；而小于 0.045mm 粒级的菱镁矿使 0.067 ~ 0.1mm 粒级的蛇纹石回收率提高最大，由 2% 提高到了 40%。

图 4-38 为油酸钠体系下，3 个粒级滑石对不同粒级的菱镁矿浮选回收率的影响，由图 4-38 可知，3 个粒级滑石对菱镁矿的回收率影响不大，而小于 0.045mm 粒级的菱镁矿使 0.067 ~ 0.1mm 粒级的滑石回收率提高最大，由 18% 提高到了 70%。

图 4-39 为油酸钠体系下，3 个粒级石英对不同粒级菱镁矿浮选回收率的影响。由图 4-39 可知，3 个粒级石英对菱镁矿的回收率影响不明显，其中小于 0.045mm 粒级的石英使 0.067 ~ 0.1mm 的菱镁矿回收率降低最多，由 96% 下降到了 82%。

B 添加六偏磷酸钠

油酸钠体系中，六偏磷酸钠作为调整剂的条件下，考察了 3 个粒级的伴生矿物对各粒级菱镁矿浮选回收率的影响，试验条件为：油酸钠用量 160mg/L，六偏磷酸钠用量为 40mg/L，pH 值为 11 左右。试验结果如图 4-40 ~ 图 4-43 所示。

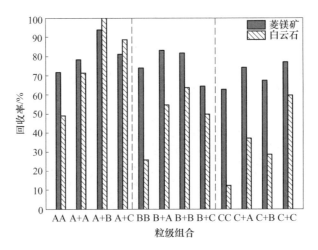

图 4-40　菱镁矿与白云石不同粒级混合矿浮选结果

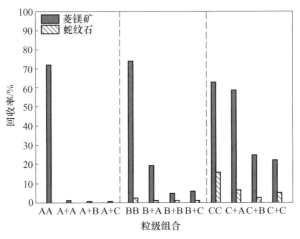

图 4-41　菱镁矿与蛇纹石不同粒级混合矿浮选结果

　　图 4-40 为油酸钠体系下，用六偏磷酸钠为调整剂时，3 个粒级白云石对不同粒级菱镁矿回收率产生的影响。由图 4-40 可知，不同粒级的菱镁矿在相同条件下回收率有差别，0.045~0.067mm 粒级的菱镁矿回收率较高，小于 0.045mm 粒级的菱镁矿回收率最低。白云石的加入使各粒级菱镁矿的回收率都有所提高。

　　3 个粒级的白云石都能使 0.067~0.1mm 粒级菱镁矿回收率升高，其中 0.045~0.067mm 粒级的白云石对 0.067~0.1mm 菱镁矿的回收率提高最多，上升了 21.78%。

　　3 个粒级的白云石对 0.045~0.067mm 粒级菱镁矿回收率影响中，小于

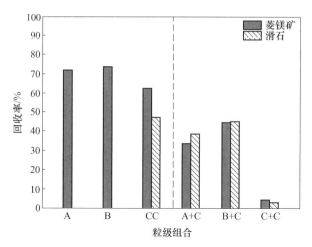

图 4-42 菱镁矿与滑石不同粒级混合矿浮选结果

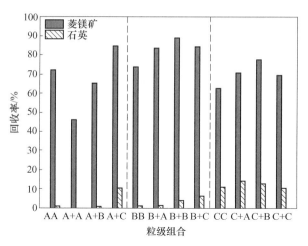

图 4-43 菱镁矿与石英不同粒级混合矿浮选结果

0.045mm 粒级的白云石对菱镁矿的浮选起到抑制作用，使菱镁矿回收率降低，其他两个粒级的白云石对此粒级菱镁矿的浮选起到活化作用。

3 个粒级的白云石对小于 0.045mm 粒级的菱镁矿回收率影响中，3 个粒级的白云石都使这个粒级的菱镁矿的回收率有所提高。

由上述试验结果可知，在油酸钠正浮选体系下，用六偏磷酸钠为调整剂时，添加白云石使菱镁矿的回收率上升较大，使不添加六偏磷酸钠时白云石对菱镁矿的抑制作用基本消失了。

图 4-41 为油酸钠体系下，用六偏磷酸钠为调整剂时，3 个粒级蛇纹石对不同

粒级菱镁矿浮选回收率的影响。由图 4-41 可知，蛇纹石的添加对菱镁矿有强烈的抑制作用。其中，所有粒级的蛇纹石对 0.067 ~ 0.1mm 粒级菱镁矿的抑制作用都很强，使菱镁矿的回收率由 72% 降低到了 0%，而随着菱镁矿粒级的降低，蛇纹石的抑制作用减弱，0.067 ~ 0.1mm 粒级的蛇纹石对小于 0.045mm 粒级的菱镁矿的抑制作用最弱，几乎没有抑制作用。

由上述试验结果可知，当用油酸钠作为捕收剂，六偏磷酸钠作为抑制剂正浮选菱镁矿时，蛇纹石的存在会大大降低粗粒级菱镁矿的浮选回收率。

图 4-42 为油酸钠体系下，用六偏磷酸钠为调整剂时，小于 0.045mm 粒级的滑石对不同粒级的菱镁矿浮选回收率的影响。由图 4-42 可知，在油酸钠体系中，六偏磷酸钠作为调整剂的条件下，小于 0.045mm 粒级的滑石对各个粒级的菱镁矿都有抑制作用，对小于 0.045mm 粒级的菱镁矿抑制作用最强，对 0.045 ~ 0.067mm 粒级菱镁矿的抑制作用最弱。

图 4-43 为油酸钠体系下，用六偏磷酸钠为调整剂时，3 个粒级石英对不同粒级菱镁矿浮选回收率的影响。由图 4-43 中可知，小于 0.045mm 粒级的石英使 0.067 ~ 0.1mm 粒级的菱镁矿回收率提高了，其他两个粒级的石英使 0.067 ~ 0.1mm 粒级的菱镁矿回收率降低。

3 个粒级的石英都使 0.045 ~ 0.067mm 粒级菱镁矿的回收率提高，0.045 ~ 0.067mm 粒级石英使这个粒级菱镁矿回收率提高最多，由 75% 上升到了 90%。

3 个粒级的石英都使小于 0.045mm 粒级的菱镁矿回收率提高了，0.045 ~ 0.067mm 粒级石英的活化作用最强。

由图 4-43 中还可以看出，小于 0.045mm 粒级的菱镁矿使各粒级石英的回收率提高最明显，对 0.067 ~ 0.1mm 粒级石英的回收率提高最多，由 1% 提高到了 15%。

因此可以得出，在采用油酸钠为捕收剂，六偏磷酸钠为调整剂正浮选菱镁矿时，细粒级菱镁矿的存在提高了粗粒级石英的回收率，降低了精矿的品位。

C　添加水玻璃

油酸钠体系中，用水玻璃作为调整剂的条件下，考察了 3 个粒级的伴生矿物对各粒级菱镁矿浮选回收率的影响。试验条件为：油酸钠用量 160mg/L，水玻璃用量 80mg/L，pH 值为 11 左右。

图 4-44 为油酸钠体系下，用水玻璃为调整剂时，3 个粒级白云石对不同粒级菱镁矿浮选回收率的影响。由图 4-44 中可知，小于 0.045mm 粒级的白云石使 3 个粒级的菱镁矿的回收率下降都最大，其中使 0.045 ~ 0.067mm 粒级的菱镁矿回收率下降最多，由 85% 下降到了 33%。而 0.067 ~ 0.1mm 粒级白云石使小于 0.045mm 粒级菱镁矿的回收率略有提高。

图 4-45 为油酸钠体系下，用水玻璃为调整剂时，3 个粒级蛇纹石对不同粒级

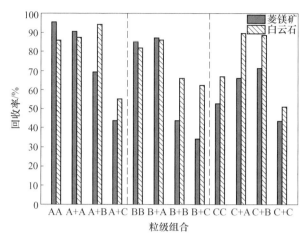

图 4-44　菱镁矿与白云石不同粒级混合矿浮选结果

菱镁矿浮选回收率的影响。由图 4-45 中可知，所有粒级蛇纹石的添加都使菱镁矿的浮选回收率降低。其中 0.067~0.1mm 粒级的蛇纹石使 0.067~0.1mm 粒级的菱镁矿回收率降低最多，菱镁矿的回收率由 95% 下降到了 20% 左右。

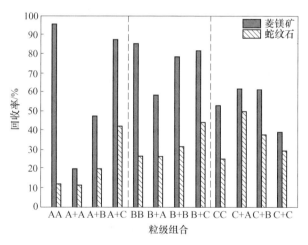

图 4-45　菱镁矿与蛇纹石不同粒级混合矿浮选结果

由图 4-45 中还可以看出，对于 0.067~0.1mm 和 0.045~0.067mm 粒级的菱镁矿，随着添加蛇纹石的粒级变小，菱镁矿的回收率逐渐回升，而对于小于 0.045mm 粒级的菱镁矿，随着添加蛇纹石粒级的变小，菱镁矿的回收率下降。

由此得出，在油酸钠体系下，用水玻璃作为调整剂时，粗粒蛇纹石对粗粒菱镁矿、细粒蛇纹石对细粒菱镁矿的抑制作用较强。

图 4-46 为油酸钠体系下，用水玻璃为调整剂时，小于 0.045mm 粒级滑石对不同粒级菱镁矿浮选回收率的影响。图 4-46 中，小于 0.045mm 粒级滑石使 3 个粒级菱镁矿的回收率都有所降低，而且滑石自身的回收率也有大幅降低，由 100%下降到了 35%左右。

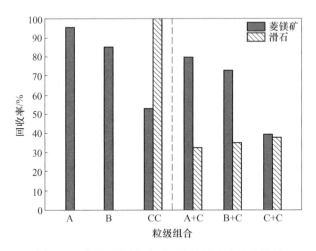

图 4-46　菱镁矿与滑石不同粒级混合矿浮选结果

图 4-47 为油酸钠体系下，用水玻璃为调整剂时，3 个粒级的石英对不同粒级菱镁矿浮选回收率的影响。图 4-47 中，3 个粒级的石英对各粒级的菱镁矿回收率影响不大。而各粒级石英自身的回收率都有所提高，其中小于 0.045mm 粒级的菱镁矿使小于 0.045mm 粒级的石英回收率上升最多，由 1%上升到了 22%左右。

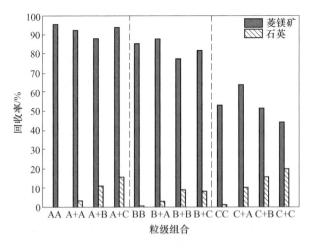

图 4-47　菱镁矿与石英不同粒级混合矿浮选结果

由此得出，在油酸钠体系下，用水玻璃为调整剂正浮选菱镁矿脱硅时，石英的回收率会受菱镁矿的影响而提高，从而降低菱镁矿精矿的品位。

4.2.1.2 十二胺体系下含镁矿物和石英对菱镁矿浮选的影响

在十二胺体系下考察了不同粒级的伴生矿物对不同粒级菱镁矿浮选回收率的影响，试验条件为：十二胺用量160mg/L，自然 pH 值。

图 4-48 为十二胺体系下，3 个粒级的白云石对不同粒级菱镁矿浮选回收率的影响。由图 4-48 中可知，3 个粒级的白云石使 3 个粒级菱镁矿的回收率都提高了。其中，小于 0.045mm 粒级的白云石使 3 个粒级菱镁矿回收率提高都特别大，使 0.067~0.1mm 粒级的菱镁矿回收率由 5% 提高到了 75%，使 0.045~0.067mm 粒级的菱镁矿回收率由 16% 提高到了 70%，使小于 0.045mm 粒级的菱镁矿回收率由 15% 提高到了 78% 左右。

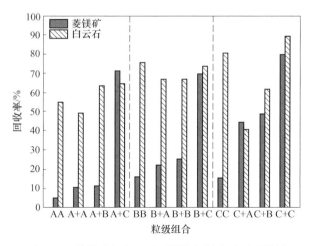

图 4-48　菱镁矿与白云石不同粒级混合矿浮选结果

由此得出，在十二胺体系下反浮选菱镁矿时，可浮性较好的白云石的存在会使菱镁矿随尾矿流失，大大降低菱镁矿的回收率。

图 4-49 为十二胺体系下，3 个粒级蛇纹石对不同粒级菱镁矿浮选回收率的影响，由图 4-49 中可知，3 个粒级菱镁矿的浮选回收率变化不大，但 3 个粒级蛇纹石的回收率都降低了。

图 4-50 为十二胺体系下，小于 0.045mm 粒级的滑石对 3 个粒级菱镁矿浮选回收率的影响。由图 4-50 中可知，小于 0.045mm 粒级的滑石的添加使 3 个粒级菱镁矿的浮选回收率都降低，而且滑石自身的回收率也降低了。

图 4-51 为十二胺体系下，3 个粒级的石英对不同粒级菱镁矿浮选回收率的影响。由图 4-51 可知，3 个粒级的石英使 0.067~0.1mm 粒级的菱镁矿的回收率都

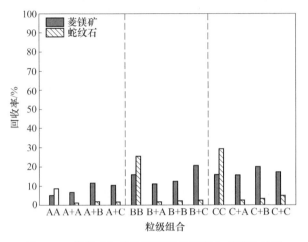

图 4-49　菱镁矿与蛇纹石不同粒级混合矿浮选结果

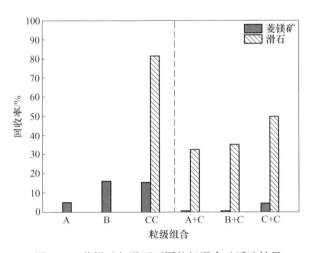

图 4-50　菱镁矿与滑石不同粒级混合矿浮选结果

上升。另外，0.067~0.1mm 粒级的石英使 0.045~0.067mm 粒级的菱镁矿回收率上升，0.045~0.067mm 和小于 0.045mm 粒级的石英使 0.045~0.067mm 粒级的菱镁矿回收率有所下降；3 个粒级的石英使小于 0.045mm 粒级的菱镁矿回收率都上升，其中回收率上升最多的是小于 0.045mm 粒级菱镁矿与小于 0.045mm 粒级石英的混合时，菱镁矿的回收率由 16% 上升到了 40%。同时，石英的回收率下降最多的是小于 0.045mm 粒级菱镁矿与 0.067~0.1mm 粒级石英混合时，石英的回收率由 99% 下降到了 62%。

　　由以上结果可知，在用十二胺反浮选菱镁矿脱硅的过程中，细粒菱镁矿能降

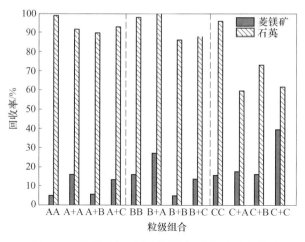

图 4-51 菱镁矿与石英不同粒级混合矿浮选结果

低粗粒石英的可浮性，而细粒石英能够提高细粒菱镁矿的可浮性，因此造成二者可浮性差异缩小，给浮选分离带来困难。

4.2.2 不同粒级白云石、蛇纹石、滑石对不同粒级石英浮选的影响

各粒级伴生矿物不仅对不同粒级的菱镁矿产生不同的影响，对菱镁矿的主要脉石矿物石英的影响也不容忽略。因此，在十二胺体系下研究了 0.067~0.1mm、0.045~0.067mm 和小于 0.045mm 3 个粒级的白云石、蛇纹石和滑石对 3 个粒级石英浮选回收率的影响。试验条件为：十二胺用量 160mg/L，自然 pH 值。

图 4-52 为十二胺体系下，3 个粒级白云石的添加对 3 个粒级石英回收率的影响。3 个粒级的白云石对 0.067~0.1mm 粒级石英浮选回收率影响不明显。而对于白云石，0.045~0.067mm 粒级石英使 3 个粒级的白云石回收率都下降了 30% 以上，而小于 0.045mm 粒级的石英也使 3 个粒级的白云石回收率都有所下降，其中小于 0.045mm 粒级的白云石回收率由 82% 下降到了 52%。

图 4-53 为十二胺体系下，3 个粒级蛇纹石的添加对 3 个粒级石英浮选回收率的影响。由图 4-53 中可知，蛇纹石对石英回收率的影响不大。而对于蛇纹石，0.067~0.1mm 粒级的石英使 0.067~0.1mm 粒级的蛇纹石回收率上升最多，由 8% 上升到了 26%；0.045~0.067mm 粒级的石英使小于 0.045mm 粒级蛇纹石回收率下降最多，由 30% 下降到了 15%。

图 4-54 为十二胺体系下，小于 0.045mm 粒级滑石对 3 个粒级石英浮选回收率的影响。图 4-54 中，小于 0.045mm 粒级滑石的添加使 3 个粒级石英的回收率都有所下降，其中 0.045~0.067mm 粒级的石英回收率下降最多，由 98% 下降到了 55%；而对于滑石，其回收率也有所下降，0.045~0.067mm 粒级的石英使小

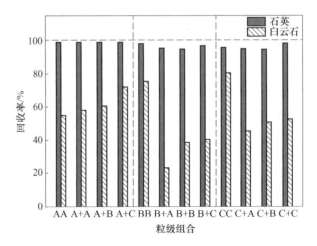

图 4-52　石英与白云石不同粒级混合矿浮选结果

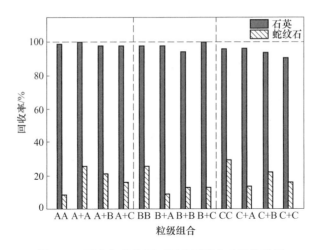

图 4-53　石英与蛇纹石不同粒级混合矿浮选结果

于 0.045mm 粒级滑石的回收率由 82% 下降到了 48%。

4.2.3　不同粒级蛇纹石、白云石对水镁石浮选的影响

4.2.3.1　油酸钠体系下两种矿物对水镁石浮选的影响

A　不添加调整剂

在油酸钠体系下，考察了 3 个粒级的伴生矿物蛇纹石、白云石对 3 个粒级水镁石浮选回收率的影响，试验条件为：油酸钠用量 160mg/L，矿浆自然 pH 值在

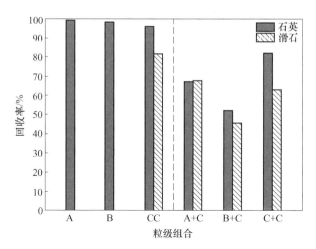

图 4-54　石英与滑石不同粒级混合矿浮选结果

10.5 左右。试验结果如图 4-55 和图 4-56 所示。

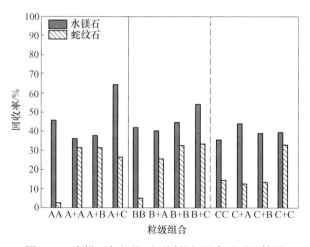

图 4-55　水镁石与蛇纹石不同粒级混合矿浮选结果

　　图 4-55 为油酸钠体系下，3 个粒级蛇纹石对 3 个粒级水镁石浮选回收率的影响。由图 4-55 中可知，小于 0.045mm 粒级的蛇纹石使水镁石的回收率上升最多，由 46% 上升到了 66%。而蛇纹石的回收率也有大幅提高，0.067~0.1mm 粒级的水镁石使同粒级的蛇纹石回收率提高最多，由 2% 提升到了 32%。

　　由以上结果可知，在油酸钠体系下，蛇纹石和水镁石同时存在时，水镁石的回收率略有提升，而蛇纹石的回收率会大幅提升，因此水镁石和蛇纹石的可浮性差异会缩小，造成二者浮选分离困难。

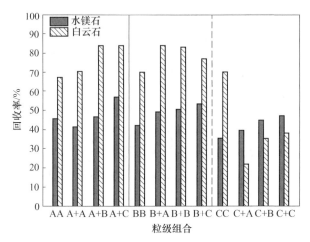

图 4-56　水镁石与白云石不同粒级混合矿浮选结果

图 4-56 为油酸钠体系下，3 个粒级白云石对不同粒级水镁石浮选回收率的影响。由图 4-56 中可知，在白云石的影响下，3 个粒级水镁石的回收率略有提高，其中小于 0.045mm 粒级的白云石使 0.067~0.1mm 粒级的水镁石回收率提高最多，由 46% 上升到了 58%。0.067~0.1mm 粒级的水镁石都能使白云石的回收率提高，小于 0.045mm 粒级的水镁石使各粒级白云石的回收率都有所下降，其中 0.067~0.1mm 粒级的白云石回收率下降最多，由 68% 下降到了 23%。

B　添加水玻璃

在油酸钠体系中，水玻璃作为调整剂的条件下，考察了 3 个粒级的伴生矿物蛇纹石、白云石对各粒级菱镁矿浮选回收率的影响。试验条件为：油酸钠用量 160mg/L，水玻璃用量 200mg/L，矿浆自然 pH 值为 11 左右。

图 4-57 为油酸体系下，水玻璃为调整剂的条件下，3 个粒级蛇纹石对不同粒级水镁石浮选回收率的影响。由图 4-57 中可知，添加水玻璃之后，0.067~0.1mm 粒级和 0.045~0.067mm 粒级的蛇纹石使 0.067~0.1mm 粒级水镁石的回收率由下降变为上升，0.045~0.067mm 粒级的蛇纹石使水镁石回收率上升最多，达到了 20.68%。

由此可知，在油酸钠体系下，水玻璃为调整剂正浮选水镁石时，蛇纹石对粗粒水镁石的抑制作用得到改善，0.067~0.1mm 粒级水镁石的回收率由下降变为上升。

图 4-58 为油酸钠体系下，水玻璃为调整剂时，3 个粒级白云石对水镁石浮选回收率的影响。由图 4-58 中可知，在此条件下，0.045~0.067mm 粒级的水镁石比白云石回收率高，小于 0.045mm 粒级的白云石比水镁石的回收率高；在

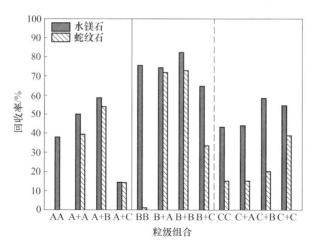

图 4-57　水镁石与蛇纹石不同粒级混合矿浮选结果

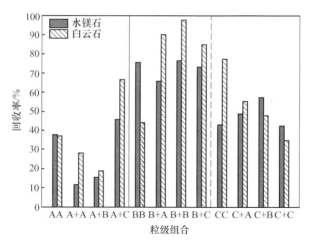

图 4-58　水镁石与白云石不同粒级混合矿浮选结果

0.067~0.1mm 粒级白云石的作用下，0.067~0.1mm 粒级水镁石的回收率下降最多，由 38% 下降到了 12%；在 0.045~0.067mm 粒级水镁石的作用下，0.045~0.067mm 粒级白云石的回收率上升最多，由 45% 上升到了 98%。

4.2.3.2　十二胺体系下两种矿物对水镁石浮选的影响

在十二胺体系下考察了不同粒级的伴生矿物蛇纹石、白云石对不同粒级水镁石浮选回收率的影响，试验条件为：十二胺用量 160mg/L，自然 pH 值。

图 4-59 为十二胺体系下，水镁石与蛇纹石不同粒级混合矿的浮选试验结果。

由图 4-59 中可知，在这个条件下，水镁石和蛇纹石的回收率变化整体不大。其中，小于 0.045mm 粒级的水镁石在添加 0.045~0.067mm 粒级蛇纹石时，回收率上升最大，由 11% 上升到 26%。

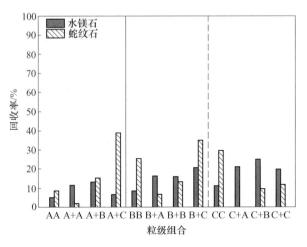

图 4-59　水镁石与蛇纹石不同粒级混合矿浮选结果

图 4-60 为十二胺体系下，水镁石与白云石不同粒级混合矿的浮选试验结果。由图 4-60 中可知，添加白云石使水镁石的回收率变化不明显，但各粒级白云石的回收率大幅下降。其中，0.045~0.067mm 粒级水镁石与同粒级白云石混合时，浮选回收率上升最多，由 8% 上升到了 20%；随着水镁石粒级的减小，与其混合的白云石的回收率也逐渐降低，小于 0.045mm 粒级水镁石使 3 个粒级白云石的回收率下降最大，白云石的回收率都下降到了 20% 以下，0.045~0.067mm 粒级白云石的回收率由 90% 下降到了 6%。

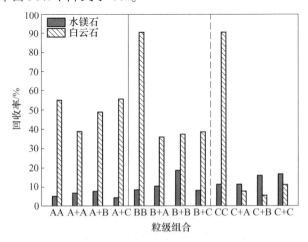

图 4-60　水镁石与白云石不同粒级混合矿浮选结果

由以上试验结果可知，在十二胺体系下，水镁石与白云石的自然可浮性存在很大差异，在理论上可以用十二胺反浮选除去白云石；但在实际分选过程中，由于细粒级水镁石能够大大降低白云石的浮选回收率，从而给浮选分离带来困难。

4.2.4　不同粒级白云石对蛇纹石浮选的影响

4.2.4.1　油酸钠体系下白云石对蛇纹石浮选的影响

A　不添加调整剂

在油酸钠体系下，考察了 3 个粒级的白云石对各粒级蛇纹石浮选回收率的影响，试验条件为：油酸钠用量 160mg/L，矿浆自然 pH 值在 10.5 左右。

图 4-61 为油酸钠体系下，蛇纹石与白云石不同粒级混合矿浮选试验结果。由图 4-61 中可知，各粒级蛇纹石的回收率都有所提高，不过幅度不大。其中，0.067~0.1mm 粒级的蛇纹石在添加 0.045~0.067mm 粒级白云石时回收率由 3% 提高到了 15%；而对于白云石，小于 0.045mm 粒级的蛇纹石使各粒级白云石的回收率都下降较多，超过 15%，0.067~0.1mm 粒级的白云石在与 0.045~0.067mm 粒级的蛇纹石混合浮选时，白云石的回收率由 68% 下降到了 33%。

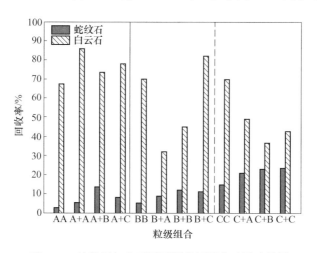

图 4-61　蛇纹石与白云石不同粒级混合矿浮选结果

由此可知，在油酸钠体系下，白云石和蛇纹石同时存在时，细粒蛇纹石会降低白云石的浮选回收率。

B　添加水玻璃

在油酸钠体系中，水玻璃作为调整剂的条件下，考察了 3 个粒级的伴生矿物白云石对各粒级蛇纹石浮选回收率的影响。试验条件为：油酸钠用量 160mg/L，水玻璃用量 200mg/L，矿浆自然 pH 值为 11 左右。

图 4-62 为油酸钠体系下，用水玻璃为调整剂时，蛇纹石与白云石不同粒级混合矿浮选试验结果。由图 4-62 中可知，蛇纹石的回收率总体变化不大。而白云石的回收率受到蛇纹石的影响较大，其中 0.067~0.1mm 粒级的白云石在与同粒级蛇纹石混合浮选时，其回收率由 38% 下降到 0%，在与另外两个粒级的蛇纹石混合浮选时，回收率变化不大；小于 0.045mm 粒级的白云石在与 0.045~0.067mm 粒级的蛇纹石混合浮选时，回收率由 78% 上升到 88%，在与小于 0.045mm 粒级的蛇纹石混合浮选时，其回收率由 78% 下降到 53%。

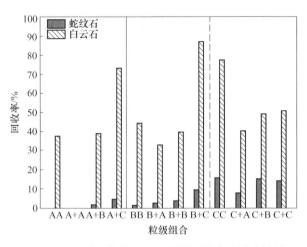

图 4-62　蛇纹石与白云石不同粒级混合矿浮选结果

由此可知，在油酸钠浮选体系下，水玻璃为调整剂时，受粗粒蛇纹石的影响粗粒白云石的回收率下降很大，影响两种矿物的分离。

4.2.4.2　十二胺体系下白云石对蛇纹石浮选的影响

在十二胺体系下考察了不同粒级的白云石对不同粒级的蛇纹石浮选回收率的影响，试验条件：十二胺用量 160mg/L，自然 pH 值。

图 4-63 为十二胺体系下，蛇纹石与白云石不同粒级混合矿的浮选试验结果。由图 4-63 中可知，各粒级蛇纹石的回收率都有所下降，白云石的回收率也都有大幅下降。其中，0.067~0.1mm 粒级的蛇纹石与同粒级白云石混合时，蛇纹石的回收率由 9% 下降到 0%，而白云石的回收率由 55% 下降到 13%；小于 0.045mm 粒级的蛇纹石与同粒级白云石混合浮选时，蛇纹石的回收率由 30% 下降到了 15%，白云石的回收率由 90% 下降到了 13%。

由此可知，在用十二胺反浮选菱镁矿脱除白云石时，蛇纹石的存在会降低白云石的可浮性，造成分离困难；在用十二胺反浮选水镁石脱除白云石时，蛇纹石的存在也会降低白云石的可浮性，是两者分离困难的原因之一。

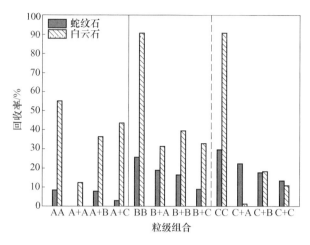

图 4-63 蛇纹石与白云石不同粒级混合矿浮选结果

4.3 矿物间交互影响规律总结

为便于分析比较油酸和十二胺体系下菱镁矿、水镁石浮选时不同含量的矿物之间的交互影响和不同粒级矿物之间的交互影响，对在油酸钠和十二胺体系下，伴生矿物（白云石、蛇纹石、滑石、石英）对菱镁矿、伴生矿物（白云石、蛇纹石、滑石）对石英、伴生矿物（白云石、蛇纹石、滑石）对菱镁矿和石英混合矿、伴生矿物（白云石、蛇纹石）对水镁石、伴生矿物（白云石）对蛇纹石、伴生矿物（白云石）对水镁石和蛇纹石混合矿、伴生矿物（蛇纹石）对水镁石和白云石混合矿，以及白云石对蛇纹石的可浮性的影响进行了系统的试验研究，不同粒级矿物间的影响试验结果见表 4-1~表 4-4，矿物间交互影响的规律总结如下：

（1）伴生矿物对菱镁矿浮选的影响。在油酸钠体系中不添加调整剂的情况下，伴生矿物的添加使菱镁矿的回收率略有下降，但影响不大。白云石的添加使菱镁矿的回收率下降较多，其中 0.067~0.1mm 和 0.045~0.067mm 粒级白云石使 0.067~0.1mm 粒级菱镁矿回收率下降较大，其他粒级组合没有明显影响；小于 0.045mm 粒级的蛇纹石使菱镁矿回收率下降较大，达 60% 左右；滑石和石英对菱镁矿浮选影响不大。在添加六偏磷酸钠为调整剂时，伴生矿物的添加对菱镁矿浮选影响较大，使菱镁矿的回收率大幅降低，矿物对菱镁矿浮选回收率影响大小顺序为：蛇纹石 > 滑石 > 石英 > 白云石，各粒级蛇纹石都使菱镁矿回收率大幅下降，使 0.067~0.1mm 粒级菱镁矿回收率下降最多，接近 0%；小于 0.045mm 粒级滑石使各粒级菱镁矿回收率都下降，小于 0.045mm 粒级菱镁矿回收率下降最多；0.067~0.1mm 粒级石英使菱镁矿回收率下降最多；白云石对菱镁矿浮选的抑制作用基本消失，多个粒级菱镁矿回收率由不添加六偏磷酸钠时下降变为上升，0.045~0.067mm粒级白云石使0.067~0.1mm粒级菱镁矿回收率上升最大达到21.78%，六偏磷酸钠能够降低白云石对菱镁矿的不利影响，有利于实际矿石分选。在添加水玻璃为调整剂时，伴生矿物的添加对菱镁矿浮选影响较大，使菱镁矿的回收率大幅降低，矿物对菱镁矿浮选回收率影响大小顺序为：蛇纹石＞滑石＞石英＞白云石，0.067~0.1mm粒级蛇纹石使0.067~0.1mm粒级菱镁矿的回收率下降最多，达到90%左右；小于0.045mm粒级滑石使各粒级菱镁矿回收率都有所下降；0.045~0.067mm粒级石英使菱镁矿回收率下降较多；小于0.045mm粒级白云石使菱镁矿回收率下降最多。在十二胺体系下，伴生矿物中白云石使菱镁矿浮选回收率上升最多，其他矿物对菱镁矿回收率影响相对较小。小于0.045mm粒级的白云石使各粒级菱镁矿回收率上升最多。

表 4-1　油酸钠体系下添加伴生矿物后菱镁矿的回收率变化量汇总

添加矿物种类	粒级/mm	回收率（油酸钠（160mg/L），pH 值为 8.5 左右)/%								
		无添加			六偏磷酸钠（40mg/L）			水玻璃（80mg/L）		
		菱镁矿粒级/mm			菱镁矿粒级/mm			菱镁矿粒级/mm		
		0.067~0.1	0.045~0.067	<0.045	0.067~0.1	0.045~0.067	<0.045	0.067~0.1	0.045~0.067	<0.045
白云石（添加10%）	0.067~0.1	−36.16	0.53	8.13	6.17	9.38	11.73	−5.21	2.09	13.13
	0.045~0.067	−22.96	−1.08	3.61	21.78	7.81	4.86	−26.53	−41.23	18.27
	<0.045	−8.23	−5.72	−6.79	9.25	−9.82	14.75	−51.63	−50.8	−9.25
蛇纹石（添加10%）	0.067~0.1	−11.79	−5.25	2.81	−70.89	−54.66	−3.76	−91.04	−85.00	−15.83
	0.045~0.067	−4.34	−3.37	3.48	−71.45	−69.10	−37.77	−52.78	−85.00	2.10
	<0.045	−60.75	−22.76	−13.79	−71.45	−68.01	−40.31	−67.62	−47.25	−8.77
滑石（添加10%）	<0.045	−3.38	−2.86	−2.14	−38.00	−29.05	−17.01	−15.79	−12.28	−13.35
石英（添加20%）	0.067~0.1	0.77	−3.65	4.61	−25.76	9.43	8.34	−3.23	2.44	10.68
	0.045~0.067	−1.96	−4.27	1.68	−6.57	15.01	15.00	−7.66	−7.87	−1.34
	<0.045	−13.49	−1.693	3.08	12.9	10.04	6.83	−1.91	−3.29	−8.58
单矿物		95.66	97.04	84.36	72.00	74.00	62.50	95.50	85.00	53.00

表4-2 十二胺体系下添加伴生矿物后菱镁矿和石英的回收率变化量汇总

添加矿物种类	粒级/mm	回收率（十二胺（160mg/L），pH值为8.5左右）/%					
		菱镁矿粒级/mm			石英粒级/mm		
		0.067~0.1	0.045~0.067	<0.045	0.067~0.1	0.045~0.067	<0.045
白云石（添加10%）	0.067~0.1	5.64	5.99	28.87	-0.45	-2.78	-1.04
	0.045~0.067	6.25	9.33	33.20	0.38	-3.39	-1.63
	<0.045	66.17	53.6	64.02	0.22	-1.39	2.60
蛇纹石（添加10%）	0.067~0.1	1.53	-5.08	0.02	0.95	-0.13	0.24
	0.045~0.067	6.46	-3.62	4.46	-1.36	-3.90	-2.37
	<0.045	5.04	4.62	1.74	-1.35	2.00	-5.54
滑石（添加10%）	<0.045	-4.74	-15.48	-11.04	-32.08	-45.85	-13.52
石英（添加20%）	0.067~0.1	10.81	11.04	2.06	—	—	—
	0.045~0.067	0.67	-11.31	0.59	—	—	—
	<0.045	7.98	-2.41	24.06	—	—	—
菱镁矿、石英单矿物		5.00	16.00	15.50	99.00	98.00	96.00

表4-3 油酸钠和十二胺体系下添加伴生矿物后水镁石的回收率变化量汇总

添加矿物种类	粒级/mm	回收率/%								
		油酸钠（160mg/L），pH值为10.5左右						十二胺（160mg/L），pH值为10.5左右		
		无添加			水玻璃（200mg/L）			无添加		
		水镁石粒级/mm			水镁石粒级/mm			水镁石粒级/mm		
		0.067~0.1	0.045~0.067	<0.045	0.067~0.1	0.045~0.067	<0.045	0.067~0.1	0.045~0.067	<0.045
白云石（添加10%）	0.067~0.1	-4.72	7.38	4.11	-26.20	-9.80	5.61	1.80	1.75	0.28
	0.045~0.067	0.87	8.47	9.28	-22.32	0.88	14.27	2.69	10.12	4.63
	<0.045	11.13	11.44	11.90	7.72	-2.22	-0.77	-0.83	-0.34	5.42
蛇纹石（添加20%）	0.067~0.1	-9.93	-1.66	8.45	12.19	-1.18	1.15	6.50	7.67	10.05
	0.045~0.067	-7.87	2.87	3.35	20.68	6.87	15.34	8.19	7.25	14.09
	<0.045	18.58	12.18	4.07	-23.44	-10.84	11.39	1.43	12.05	8.65
水镁石单矿物		45.72	41.94	35.37	38.05	75.71	43.11	5.01	8.41	11.05

表 4-4 油酸钠和十二胺体系下添加白云石后蛇纹石的回收率变化量汇总

添加矿物种类	粒级/mm	回收率/%								
		油酸钠（160mg/L），pH 值为 10.5 左右						十二胺（160mg/L），pH 值为 10.5 左右		
		无添加			水玻璃（200mg/L）			无添加		
		蛇纹石粒级/mm			蛇纹石粒级/mm			蛇纹石粒级/mm		
		0.067~0.1	0.045~0.067	<0.045	0.067~0.1	0.045~0.067	<0.045	0.067~0.1	0.045~0.067	<0.045
白云石（添加30%）	0.067~0.1	2.83	3.66	6.00	0.00	1.41	-7.87	-8.5	-6.85	-7.35
	0.045~0.067	10.87	7.02	8.29	1.51	2.56	-0.60	-0.37	-9.35	-11.70
	<0.045	5.29	6.34	8.94	4.49	8.09	-1.59	-5.52	-16.68	-16.06
蛇纹石单矿物		2.46	4.89	14.55	0.00	1.11	15.46	8.50	25.50	29.50

（2）伴生矿物对石英浮选的影响。在油酸钠体系中不添加调整剂的情况下，伴生矿物的添加使石英的回收率略有上升，但影响不大。在添加六偏磷酸钠为调整剂情况下，伴生矿物添加量小于 10% 时，对石英的回收率几乎没有影响，伴生矿物添加量大于 10% 以后，使石英的回收率开始上升，影响较大。在添加水玻璃为调整剂，伴生矿物添加量小于 20% 时，对石英的回收率几乎没有影响，伴生矿物添加量大于 20% 以后，使石英的回收率开始上升，影响较大。在十二胺体系下，添加伴生矿物对石英的浮选回收率几乎没有影响，只有滑石的影响相对较大，小于 0.045mm 粒级滑石使各粒级石英的回收率下降较大。

（3）伴生矿物对菱镁矿和石英混合矿浮选的影响。在油酸钠体系下，不添加调整剂时，添加白云石、滑石和蛇纹石都使菱镁矿的回收率略有降低，石英的回收率略有提高；在用六偏磷酸钠为调整剂时，添加白云石使菱镁矿和石英的回收率都有所提高，添加蛇纹石使菱镁矿的回收率大幅下降，石英的回收率变化不大，添加滑石使菱镁矿和石英的回收率都总体变化不大；在用水玻璃为调整剂时，添加白云石使菱镁矿的回收率略有提高而石英的回收率变化不大，添加蛇纹石使菱镁矿的回收率大幅下降，石英的回收率变化不大，添加滑石使菱镁矿的回收率有较大上升，石英的回收率略有提升。在十二胺体系下，添加白云石使石英的回收率下降，菱镁矿的回收率变化不大，添加蛇纹石使石英的回收率先降低后升高，对菱镁矿的回收率影响不大，添加滑石使石英的回收率下降，菱镁矿的回收率略有上升。

（4）伴生矿物对水镁石浮选的影响。在油酸钠体系下不添加调整剂的情况下，蛇纹石的添加使水镁石的回收率变化不大，0.067~0.1mm 粒级蛇纹石使 0.067~0.1mm 粒级水镁石回收率下降相对较多达到 9.93%，小于 0.045mm 粒级蛇纹石使 0.067~0.1mm 粒级水镁石回收率上升相对较多；白云石的添加对水镁石的回收率影响也不大。在用水玻璃为调整剂之后，0.067~0.1mm 粒级和 0.045~0.067mm 粒级蛇纹石使 0.067~0.1mm 粒级水镁石的回收率由下降变为上升，0.045~0.067mm 粒级蛇纹石使水镁石的回收率上升最多，达到了 20.68%。在油酸钠体系下，水玻璃为调整剂正浮选水镁石时，在水玻璃的作用下，蛇纹石对粗粒水镁石的抑制作用消失，有利于实际矿石分选；0.067~0.1mm 粒级的白云石使水镁石回收率下降明显。因此，在十二胺体系下，添加蛇纹石和白云石对水镁石的浮选回收率影响都不大。

（5）白云石对水镁石和蛇纹石混合矿浮选的影响。在油酸钠体系下，不添加调整剂时，添加白云石对水镁石的回收率影响不大，使蛇纹石的回收率略有上升；在用水玻璃为调整剂时，随白云石添加量增加，水镁石和蛇纹石的回收率都有所上升。在十二胺体系下，不添加调整剂时，添加白云石使水镁石和蛇纹石的回收率都有所升高。

（6）蛇纹石对水镁石和白云石混合矿浮选的影响。在油酸钠体系下，不用调整剂时，添加蛇纹石使水镁石的回收率略有上升，使白云石的回收率降低，在用水玻璃为调整剂时，随蛇纹石添加量增加，水镁石和白云石的回收率都先略有上升然后又下降。在十二胺体系下，不用调整剂时，添加蛇纹石使白云石的回收率下降，对水镁石的回收率影响不大。

5　矿物浮选交互影响的机理分析

矿物之间交互影响的原因错综复杂，本章从矿物浮选交互影响的主要方面入手，从药剂消耗、吸附罩盖和矿物溶解等可能造成影响的原因出发，通过对矿物溶解、表面电位、表面润湿性和颗粒间作用能的研究，探讨交互影响的机理。

5.1　含镁矿物在溶液中的溶解组分

李强、孙明俊等人[18]在进行含镁矿物可浮性研究时，计算了菱镁矿、白云石、蛇纹石、滑石在饱和溶液中的溶解组分，作为研究含镁矿物浮游性差异的参考之一。

5.1.1　菱镁矿在溶液中的溶解组分

菱镁矿饱和溶液中溶解组分的浓度对数图，如图 5-1 所示。

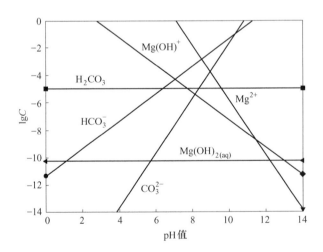

图 5-1　菱镁矿在水中的溶解组分对数图

由菱镁矿溶解组分图 5-1 可知，菱镁矿在水中的溶解产生 Mg^{2+}、$Mg(OH)^+$、CO_3^{2-}、HCO_3^- 等离子以及 $Mg(OH)_{2(aq)}$、H_2CO_3。随溶液 pH 值的升高，溶液中 $Mg(OH)^+$、Mg^{2+} 浓度逐渐降低，HCO_3^- 浓度增加。当溶液 pH 值为 7 时，$c_{HCO_3^-} = c_{Mg(OH)^+}$，此时为菱镁矿的零电点。当 pH 值小于 7 时，菱镁矿表面带正电；当

pH 值大于 7 时，菱镁矿表面带负电。

5.1.2　白云石的溶解组分

白云石饱和溶液中溶解组分的浓度对数图，如图 5-2 所示。

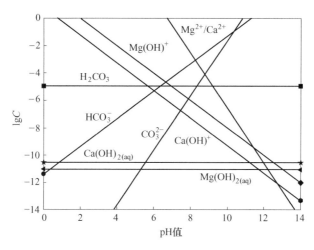

图 5-2　白云石在水中的溶解组分对数图

由白云石溶解组分图 5-2 可知，白云石在水中的溶解产生 Mg^{2+}、$Mg(OH)^+$、CO_3^{2-}、HCO_3^-、Ca^{2+}、$Ca(OH)^+$ 等离子以及 $Mg(OH)_{2(aq)}$、$Ca(OH)_{2(aq)}$、H_2CO_3。随溶液 pH 值的升高，溶液中 $Mg(OH)^+$、Mg^{2+}、Ca^{2+}、$Ca(OH)^+$ 浓度逐渐降低，HCO_3^- 浓度增加，溶液中 Mg^{2+}、Ca^{2+} 的离子浓度基本一致。当溶液 pH 值为 6.5 时，$c_{HCO_3^-} = c_{Mg(OH)^+} + c_{Ca(OH)^+}$，此时为白云石的零电点。当 pH 值小于 6.5 时，白云石表面带正电；当 pH 值大于 6.5 时，白云石表面带负电。

5.1.3　蛇纹石在溶液中的溶解组分

蛇纹石饱和溶液中溶解组分的浓度对数图，如图 5-3 所示。

由图 5-3 可知，蛇纹石在矿浆中可产生 Mg^{2+}、$Mg(OH)^+$、$H_3SiO_4^-$、$H_2SiO_4^{2-}$、$H_6Si_2O_8^{2-}$ 多种离子以及硅酸分子和 $Mg(OH)_2$ 沉淀，但随着矿浆 pH 值的变化其组分构成也不同。矿浆 pH 值为酸性时存在大量的 Mg^{2+}、$Mg(OH)^+$ 以及一定的 $H_2SiO_4^{2-}$。随着矿浆 pH 值的升高，$MgOH^+$、Mg^{2+} 离子浓度逐渐降低，$H_3SiO_4^-$、$H_2SiO_4^{2-}$、$H_6Si_2O_8^{2-}$ 离子浓度升高，但离子浓度较低。当溶液 pH 值为 8.7 时，$c_{H_3SiO_4^-} = c_{Mg(OH)^+}$，此时为蛇纹石的零电点。当 pH 值小于 8.7 时，蛇纹石表面带正电；当 pH 值大于 8.7 时，蛇纹石表面带负电。

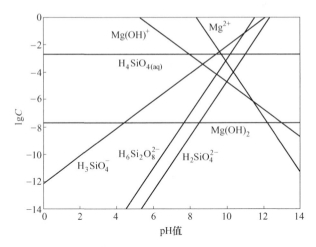

图 5-3　蛇纹石在水中的溶解组分图

5.1.4　滑石在溶液中的溶解组分

　　滑石耐酸碱，不溶于水。滑石的晶体结构以及解离特性决定了滑石晶体表面的稳定性，因此滑石在水溶液中的溶解对矿物浮选的影响不会是重要因素。当滑石粉磨到很细时，才会有一定的溶解度。

5.1.5　水镁石在溶液中的溶解组分

　　水镁石饱和溶液中溶解组分的浓度对数图，如图 5-4 所示。由图 5-4 可知，

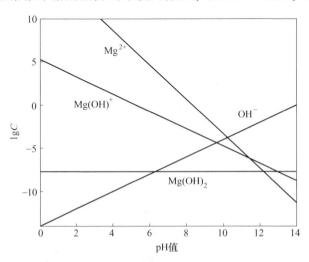

图 5-4　水镁石溶解组分图

随溶液 pH 值的升高，$Mg(OH)^+$、Mg^{2+} 离子浓度逐渐降低，OH^- 离子浓度逐渐升高。在 pH 值为 9.8 时，$c_{Mg(OH)^+} - c_{OH^-}$，当 pH 值大于 9.8 时，矿物表面带负电；pH 值小于 9.8 时，矿物表面带正电。

氧化矿物破碎时，表面存在未饱和配位的金属离子。在水溶液中，这些金属离子首先与水分子配合。对大多数氧化矿，水分子极易解离吸附于矿物表面，而使氧化矿物表面存在表面羟基。这些羟基化表面的 H^+ 发生吸附或解离，而使矿物表面荷电[98]。

5.2 矿物表面 ζ 电位

矿物的表面动电位（ζ 电位），是当矿物–溶液两相在外力（电场力、机械力或重力）作用下发生相对运动时，滑移面与溶液间产生的电位差。ζ 电位等于零时，电解质浓度的负对数值为"等电点"，用符号 IEP 表示。当固体表面电位为零时，溶液中定位离子浓度的负对数为"零电点"，常用 PZC 来表示。

6 种矿物表面动电位与 pH 值的关系如图 5-5 所示，菱镁矿的等电点在 5.5 左右，在 pH 值大于 5.5 时，菱镁矿表面带负电；pH 值越高，ζ 电位负电性越强。当溶液的 pH 值大于 5.5 时，菱镁矿表面呈负电性。水镁石的等电点在 9.9 左右。从白云石动电位 ζ 与 pH 值的关系曲线可以看出，白云石的等电点在 4.9 左右。白云石动电位 ζ 随着 pH 值的升高负电性逐渐增强，在高 pH 值时，负电性较强。试验所用蛇纹石的等电点在 8.9 左右，当溶液 pH 值大于 8.9 后，蛇纹石表面带负电。滑石的等电点为 2.3 左右，随着溶液 pH 值的增大，滑石负电性增强。石英的等电点在 2 左右，随着溶液 pH 值的增大，石英负电性增强。

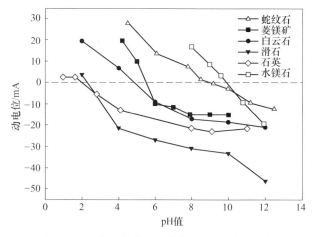

图 5-5 6 种矿物表面 ζ 电位与 pH 值的关系

为了考察药剂作用后矿物表面的动电位变化，以及根据 E-DLVO 理论计算矿物颗粒间的静电作用能，对油酸钠（160mg/L）和十二胺（160mg/L）作用后矿物表面的动电位进行了测量，试验结果如图 5-6 和图 5-7 所示。

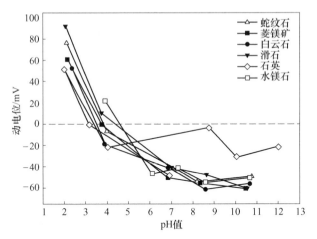

图 5-6   油酸钠作用后 6 种矿物 ζ 电位与 pH 值的关系

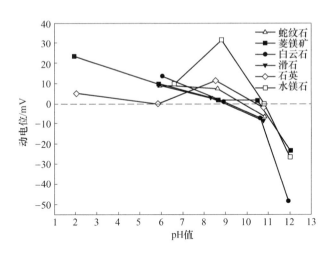

图 5-7   十二胺作用后 6 种矿物 ζ 电位与 pH 值的关系

由图 5-6 可知，在油酸钠溶液中，菱镁矿的等电点为 3.76 左右；白云石的等电点为 3.48 左右；滑石的等电点为 4.39 左右；蛇纹石的等电点为 3.84 左右；石英的等电点为 3.17 左右；水镁石的等电点为 4.6 左右。由图 5-7 可知，在十二胺溶液中，菱镁矿的等电点为 10.62 左右；白云石的等电点为 9.13 左右；滑石的等电点为 8.97 左右；蛇纹石的等电点为 9.82 左右；石英的等电点为 10.49 左右；水镁石的等电点为 10.82 左右。

5.3 扩展 DLVO 理论

经典 DLVO 理论是研究带电胶粒稳定性的理论，于 1941 年由苏联学者 Dcrjaguin 和 Landau 以及 1948 年荷兰学者 Verwey 和 Overbeek 分别独立地提出，这是以他们的英文名字第一个字母命名的。该理论较好地揭示了低浓度电解质的矿浆中矿物颗粒间的凝聚、分散行为。经典 DLVO 理论从胶粒间斥力位能与吸力位能相互作用的角度研究胶体的稳定与聚沉，认为带电胶粒之间存在着两种相互作用力，即双电层重叠时的静电斥力和粒子间的长程范德华吸力，它们的相互作用决定了胶体的稳定性，即分散体系颗粒之间的总位能为其斥力位能（静电排斥作用势能）和吸力位能（长程范德华作用势能）之和。

在颗粒的分散与稳定性体系中，除了范德华作用能和静电作用能之外，还存在各种其他的作用能，例如疏水颗粒之间的疏水作用能、亲水颗粒之间的水化作用排斥能及大分子化合物产生的空间稳定化作用能。扩展 DLVO 理论，即 E-DLVO 理论，就是在颗粒的分散体系中，考虑各种可能存在的相互作用力，在经典 DLVO 理论的势能即范德华作用能和静电作用能的基础上，加上其他相互作用项，即粒子间的相互作用总能量。利用扩展 DLVO 理论能较好地解释在多种浮选剂的作用下，矿物颗粒间的凝聚和分散行为。

扩展 DLVO 理论公式为[99]：

$$V_T^{ED} = V_W + V_E + V_{HR} + V_{HA} + V_{SR} + V_{MA} \tag{5-1}$$

式中，V_T^{ED} 为颗粒间总相互作用能；V_W 为颗粒间范德华作用能；V_E 为颗粒间静电作用能；V_{HR} 为水化相互作用排斥能；V_{HA} 为疏水相互作用吸引能；V_{SR} 为空间斥力位能，若有非离子型的或大分子浮选剂存在，则此项对矿浆稳定起到重要作用；V_{MA} 为磁吸引势能。

5.3.1 颗粒间范德华作用能

对于细粒和粗粒体系，用球与板的相互作用模型：

$$V_W = -\frac{A_{132}R_1}{6H} \tag{5-2}$$

对于粒径相近的颗粒体系，用球与球的相互作用模型：

$$V_W = -\frac{A_{132}}{6H}\frac{R_1 R_2}{R_1 + R_2} \tag{5-3}$$

式中，R_1、R_2 分别为两种矿物颗粒的半径；H 为两种颗粒间界面力相互作用距离；A_{132} 为物质 1 和 2 在第 3 种介质中相互作用的有效 Hamaker 常数。

$$A_{132} \approx \left(\sqrt{A_{11}} - \sqrt{A_{33}}\right)\left(\sqrt{A_{22}} - \sqrt{A_{33}}\right) \tag{5-4}$$

式中，A_{11}、A_{22}、A_{33} 分别是物质 1、2 和介质 3 在真空中相互作用的 Hamaker 常数。

5.3.2 颗粒间静电作用能

对于同类矿物颗粒之间:

$$V_{ER} = 4\pi\varepsilon_a R_1 \varphi_0^2 \ln[\,1 + e^{-\kappa H}\,] \tag{5-5}$$

对于不同种类矿物颗粒之间:

$$V_{ER} = \frac{\pi\varepsilon_a R_1 R_2}{R_1 + R_2}(\varphi_{01}^2 + \varphi_{02}^2)\left(\frac{2\varphi_{01}\varphi_{02}}{\varphi_{01}^2 + \varphi_{02}^2}p + q\right) \tag{5-6}$$

其中:

$$p = \ln\left[\frac{1 + e^{-\kappa H}}{1 - e^{-\kappa H}}\right] \tag{5-7}$$

$$q = \ln[\,1 - e^{-2\kappa H}\,] \tag{5-8}$$

式中，ε_a 为常数，$\varepsilon_a = \varepsilon_0 \varepsilon_r$，$\varepsilon_0$ 为真空中绝对介电常数 $8.854 \times 10^{-12} C^{-2} \cdot J^{-1} \cdot m^{-1}$，$\varepsilon_r$ 为分散介质的绝对介电常数，水介质的 $\varepsilon_r = 78.5 C^{-2} \cdot J^{-1} \cdot m^{-1}$，则 $\varepsilon_a = 6.95 \times 10^{-10} C^{-2} \cdot J^{-1} \cdot m^{-1}$；$\varphi_{01}$、$\varphi_{02}$ 分别为两种矿物的表面电位，以动电位代替，V；H 为两颗粒间距离，nm；κ 为 Debye 长度，对于 1∶1 型电解质，$\kappa = 0.304 \times C^{-1/2}(nm^{-1})$。

5.3.3 极性界面相互作用能

对于细粒和粗粒体系，用球与板的相互作用模型:

$$V_H = 2\pi R_1 h_0 V_H^0 e^{\frac{H_0 - H}{h_0}} \tag{5-9}$$

对于粒径相近的颗粒体系，用球与球的相互作用模型:

$$V_H = 2\pi \frac{R_1 R_2}{R_1 + R_2} h_0 V_H^0 e^{\frac{H_0 - H}{h_0}} \tag{5-10}$$

式中，h_0 为衰减长度，一般为 $1\sim10$nm；H 为相互作用距离；H_0 为两表面平衡接触距离；V_H^0 为极性界面相互作用能量常数，可查文献获得或由下式确定[100]:

$$V_H^0 = 2[\,\sqrt{\gamma_3^+}(\sqrt{\gamma_1^-} + \sqrt{\gamma_2^-} - \sqrt{\gamma_3^-}) + \sqrt{\gamma_3^-}(\sqrt{\gamma_1^+} + \sqrt{\gamma_2^+} - \sqrt{\gamma_3^+}) - \sqrt{\gamma_1^+ \gamma_2^-} - \sqrt{\gamma_1^- \gamma_2^+}\,] \tag{5-11}$$

式中，γ_1^+、γ_2^+、γ_3^+ 分别为颗粒 1、2 和介质 3 表面能的电子接受体分量；γ_1^-、γ_2^-、γ_3^- 分别为颗粒 1，2 和介质 3 表面能的电子给予体分量。

对于水介质，$\gamma_3^+ = \gamma_3^- = 25.5$mJ/m²，$\gamma_1^+$、$\gamma_1^-$、$\gamma_2^+$、$\gamma_2^-$ 可利用下式求出:

$$(1 + \cos\theta)\gamma_L = 2(\sqrt{\gamma_S^d \gamma_L^d} + \sqrt{\gamma_S^+ \gamma_L^-} + \sqrt{\gamma_S^- \gamma_L^+}) \tag{5-12}$$

式中，γ_L、γ_L^d、γ_L^+、γ_L^- 分别为液体的表面能、表面能的色散分量、电子接受体和给予体分量，对于水介质，$\gamma_L = 72.8$mJ/m²，$\gamma_L^d = 21.8$mJ/m²；γ_S^d、γ_S^+、γ_S^- 分别为固体表面能的色散分量、电子接受体和给予体分量；θ 为液体与固体表面接触

角，通过测量一种固体与三种已知 γ_L、γ_L^d、γ_L^+、γ_L^- 的液体（其中至少两种为极性液体）的接触角，可算出这种固体的 γ_S^d、γ_S^+、γ_S^- 数值。

大部分氧化矿和硫化矿为单极性表面，本试验研究的矿物均视为单极性表面。对于单极性表面，$\gamma_S^+ \approx 0$，只体现 γ_S^-。

上式简化为：

$$(1 + \cos\theta)\gamma_L = 2(\sqrt{\gamma_S^d \gamma_L^d} + \sqrt{\gamma_S^- \gamma_L^-}) \tag{5-13}$$

因此，只需测量固体与两种液体的接触角，即可得到这种固体的 γ_S^d，γ_S^- 数值。

γ_S^d 与 Hamaker 常数 A 有如下关系式：

$$A = 1.51 \times 10^{-21}\gamma_S^d \tag{5-14}$$

通过测量接触角，计算 γ_S^d 值，可以得到矿物的 Hamaker 常数，或者由 Hamaker 常数计算得到 γ_S^d 值。

如果 $V_H > 0$，即相互作用为斥力，以 V_{HR} 表示；如果 $V_H < 0$，即相互作用为引力，以 V_{HA} 表示。

5.3.4 磁吸引势能

在外磁场作用下，磁性或弱磁性矿粒在水溶液中存在磁相互作用力，一般为引力。关于磁相互作用能的计算，常用如下关系式：

$$V_{MA} = -\frac{32\pi^2 R^6 \chi^2 B_0^2}{9\mu_0 H^3} \tag{5-15}$$

式中，R 为矿粒半径；χ 为矿粒体积磁化系数；B_0 为磁感应强度，T；μ_0 为真空磁导率，$4\pi \times 10^{-7}$ H/m。

5.3.5 空间排斥能

大分子浮选剂常用作细粒矿物的抑制剂、分散剂、选择性絮凝剂、助滤剂、脱水剂等。当大分子浮选剂用量不高时，吸附在矿粒表面的大分子浮选剂通过"桥联作用"使矿粒凝聚，而起絮凝、脱水、助滤等作用。当大分子浮选剂用量较高时，一般达到饱和吸附，则在饱和吸附的矿粒表面产生排斥作用，即空间斥力，使细粒矿物分散体系更稳定，起分散、抑制作用。

半径为 R 的球形颗粒空间稳定化作用能表达式如下[87]：

$$V_{SR} = \frac{4\pi R^2 (\delta - 0.5H)}{A_p(R + \delta)}\ln\frac{2\delta}{H}KT \tag{5-16}$$

式中，R 为颗粒半径，m；δ 为高分子吸附层，相当于吸附分子长度，m；H 为颗粒间的间距，m；K 为 Boltzmann 常数，1.381×10^{-23} J/K；A_p 为一个大分子颗粒表面所占面积，m^2。

5.4 矿物在不同介质中的表面润湿性

矿物的表面润湿性对矿物的浮选行为有着重要的影响，通过对矿物与水的接触角测量可以看出矿物的天然可浮性，凭借矿物和药剂作用后与水的接触角数据可以看出药剂对矿物可浮性的影响程度。另外，由一种单极性矿物与两种已知界面能参数的液体的接触角，可以根据式（5-13）计算得出矿物的 γ_S^d、γ_S^- 数值，由此得出水化力和疏水力，并且通过 γ_S^d 由式（5-14）可以计算出矿物的 Hamaker 常数，根据式（5-2）和式（5-3）可以计算得出矿物间的范德华作用力。因此，矿物的接触角研究至关重要。本节对本章中研究的 6 种矿物的接触角进行测量和研究。

5.4.1 自然矿物的表面润湿性

对菱镁矿、白云石、滑石、蛇纹石、石英、水镁石在自然条件下与水的接触角进行了测量，测量结果如图 5-8~图 5-13 所示，通过量角法得到的试验结果见表 5-1。

图 5-8 菱镁矿与水的接触角试验

图 5-9 白云石与水的接触角试验

图 5-10　滑石与水的接触角试验

图 5-11　蛇纹石与水的接触角试验

图 5-12　石英与水的接触角试验

图 5-13　水镁石与水的接触角试验

表 5-1　自然矿物与水的接触角

矿物名称	菱镁矿	白云石	滑石	蛇纹石	石英	水镁石
接触角/(°)	0	22	62	20	0	25.5

由试验结果可知，这 6 种矿物的天然疏水性顺序为：滑石 > 水镁石 > 白云石 > 蛇纹石 > 菱镁矿和石英。其中，滑石与水的接触角最大，天然可浮性最好；菱镁矿和石英与水的接触角均为零，天然可浮性最差。

为了进一步计算 Hamaker 常数和矿物表面的极性力分量，对 6 种矿物与已知溶液丙三醇的接触角进行了测量试验，测量结果如图 5-14~图 5-19 所示，用量角法得到接触角结果见表 5-2。

图 5-14　菱镁矿与丙三醇的接触角试验

图 5-15　白云石与丙三醇的接触角试验

图 5-16　滑石与丙三醇的接触角试验

图 5-17　蛇纹石与丙三醇的接触角试验

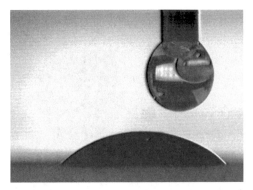

图 5-18　石英与丙三醇的接触角试验

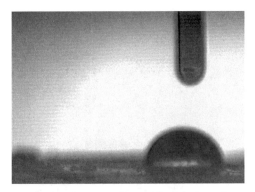

图 5-19　水镁石与丙三醇的接触角试验

表 5-2　天然矿物与丙三醇的接触角

矿物名称	菱镁矿	白云石	滑石	蛇纹石	石英	水镁石
接触角/(°)	62	28	76	78	45	89

水和丙三醇是两种已知表面张力参数的极性液体，其 γ_L、γ_L^d、γ_L^+、γ_L^-（分别为液体的表面能、表面能的色散分量、电子接受体和给予体分量）值见表 5-3，这 6 种矿物认为是单极性矿物，根据式（5-13）和式（5-14）可以算出 6 种矿物的表面张力参数 γ_S^d、γ_S^- 和 Hamaker 常数 A，其结果见表 5-4。

表 5-3　水和丙三醇的表面张力参数　　　　　　　　　　（mJ/m²）

液　体	γ_L	γ_L^d	γ_L^+	γ_L^-
水	72.8	21.8	25.5	25.5
丙三醇	64	34	3.92	57.4

表 5-4　6 种天然矿物的表面张力参数和 Hamaker 常数

矿　物	A/J	$\gamma_S^d/\text{mJ} \cdot \text{m}^{-2}$	$\gamma_S^-/\text{mJ} \cdot \text{m}^{-2}$
菱镁矿	4.38×10^{-20}	21.35	102.87
白云石	13.75×10^{-20}	67.07	39.91
滑石	4.52×10^{-20}	22.03	39.08
蛇纹石	1.54×10^{-20}	7.53	130.97
石英	8.72×10^{-20}	42.55	70.29
水镁石	0.38×10^{-20}	1.83	155.34

5.4.2　油酸钠吸附作用后矿物的表面润湿性

为了研究在浮选过程中油酸钠对矿物可浮性的影响并取得油酸钠作用后矿物的表面张力参数，对油酸钠吸附作用后矿物的表面润湿性进行了研究。研究方法为，将矿物放在浓度 160mg/L 的油酸钠溶液中搅拌 6min 后，进行抽滤和烘干制样，把样品压片进行接触角测量。油酸钠作用后矿物的接触角测量试验如图 5-20~图 5-25 所示，用量角法测得的接触角结果见表 5-5。

图 5-20　油酸钠作用后菱镁矿与水的接触角试验

图 5-21　油酸钠作用后白云石与水的接触角试验

图 5-22　油酸钠作用后滑石与水的接触角试验

图 5-23　油酸钠作用后蛇纹石与水的接触角试验

图 5-24　油酸钠作用后石英与水的接触角试验

图 5-25 油酸钠作用后水镁石与水的接触角试验

表 5-5 油酸钠作用后矿物与水的接触角

矿物名称	菱镁矿	白云石	滑石	蛇纹石	石英	水镁石
接触角/(°)	125	124	105	26	0	39

由表 5-5 可以看出，经过与油酸钠作用后的矿物接触角大小顺序为：菱镁矿 > 白云石 > 滑石 > 蛇纹石 > 水镁石 > 石英，这与图 3-7 中油酸钠体系下矿物的浮选回收率的试验结果一致，说明了矿物与药剂作用后的接触角大小与矿物可浮性的直接关系。虽然滑石的天然可浮性最好，但是在与油酸钠作用后可浮性提高不如菱镁矿和白云石明显，因此在油酸钠为捕收剂时，滑石的回收率不如菱镁矿和白云石高，这应该是由于油酸钠在滑石表面吸附能力较弱。

为了计算油酸钠作用后矿物的表面张力参数 γ_S^d、γ_S^-，对与油酸钠作用后的 6 种矿物与丙三醇的接触角进行了测量试验，测量结果如图 5-26～图 5-31 所示，用量角法测得的接触角数据见表 5-6。

图 5-26 油酸钠作用后菱镁矿与丙三醇的接触角

图 5-27　油酸钠作用后白云石与丙三醇的接触角

图 5-28　油酸钠作用后滑石与丙三醇的接触角

图 5-29　油酸钠作用后蛇纹石与丙三醇的接触角

图 5-30 油酸钠作用后石英与丙三醇的接触角

图 5-31 油酸钠作用后水镁石与丙三醇的接触角

表 5-6 油酸钠作用后矿物与丙三醇的接触角

矿物名称	菱镁矿	白云石	滑石	蛇纹石	石英	水镁石
接触角/(°)	118	132	109	54	40	43

根据 6 种矿物在两种已知表面张力参数的液体水、丙三醇中的接触角，由式（5-13）计算出这 6 种矿物经油酸钠作用后的表面张力参数 γ_S^d、γ_S^- 见表 5-7。

表 5-7 油酸钠作用后 6 种矿物的表面张力参数 （mJ/m²）

矿物名称	菱镁矿	白云石	滑石	蛇纹石	石英	水镁石
γ_S^d	7.42	1.27	7.57	35.15	48.92	56.43
γ_S^-	0.31	4.13	7.83	67.3	63.17	34.37

5.4.3 十二胺吸附作用后矿物的表面润湿性

为了研究在浮选过程中十二胺对矿物可浮性的影响并取得十二胺作用后矿物

的表面张力参数，对十二胺吸附作用后矿物的表面润湿性进行了试验。研究方法为，将矿物放在浓度160mg/L的十二胺溶液中搅拌6min后，进行抽滤和烘干制样，把样品压片后进行接触角测量。十二胺作用后矿物的接触角测量试验如图5-32~图5-37所示，用量角法所得到的接触角结果见表5-8。

图 5-32　十二胺作用后菱镁矿与水的接触角试验

图 5-33　十二胺作用后白云石与水的接触角试验

图 5-34　十二胺作用后滑石与水的接触角

图 5-35 十二胺作用后蛇纹石与水的接触角

图 5-36 十二胺作用后石英与水的接触角

图 5-37 十二胺作用后水镁石与水的接触角

表 5-8 十二胺作用后矿物与水的接触角

矿物名称	菱镁矿	白云石	滑石	蛇纹石	石英	水镁石
接触角/(°)	0	88	78	21	136	41

由表 5-8 可以看出，在经过与十二胺作用后的矿物接触角大小顺序为：石英 >

白云石 > 滑石 > 水镁石 > 蛇纹石 > 菱镁矿，这与图 3-9 中矿物在十二胺中浮选回收率的试验结果吻合，说明了矿物的浮选回收率与药剂作用后的矿物与水的接触角大小有直接关系。

　　为了计算十二胺作用后矿物的表面张力参数 γ_S^d、γ_S^-，对与十二胺作用后的 6 种矿物与丙三醇的接触角进行了测量试验，试验结果如图 5-38 ~ 图 5-43 所示，用量角法测得的接触角数据见表 5-9。

图 5-38　十二胺作用后菱镁矿与丙三醇的接触角

图 5-39　十二胺作用后白云石与丙三醇的接触角

图 5-40　十二胺作用后滑石与丙三醇的接触角

图 5-41　十二胺作用后蛇纹石与丙三醇的接触角

图 5-42　十二胺作用后石英与丙三醇的接触角

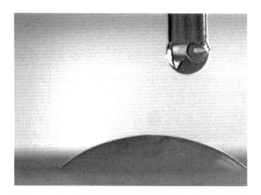

图 5-43　十二胺作用后水镁石与丙三醇的接触角

表 5-9　十二胺作用后矿物与丙三醇的接触角

矿物名称	菱镁矿	白云石	滑石	蛇纹石	石英	水镁石
接触角/(°)	41	104	94	28	138	39

根据十二胺作用后的 6 种矿物在两种已知表面张力参数的液体（水、丙三醇）中的接触角，由式（5-13）计算出这 6 种矿物经十二胺作用后的表面张力参数 γ_S^d、γ_S^- 见表 5-10。

表 5-10　十二胺作用后 6 种矿物的表面张力参数　　　　　　（mJ/m²）

矿物名称	菱镁矿	白云石	滑石	蛇纹石	石英	水镁石
γ_S^d	47.66	5.63	9.82	66.7	1.11	63.34
γ_S^-	64.51	27.72	33.75	40.77	1.10	27.96

已知矿物的表面张力参数、Hamaker 常数、表面电位等数据，可以根据 E-DLVO 理论计算出不同粒径矿物之间在溶液中的范德华力、静电力、水化斥力和疏水引力等。

5.5　含镁矿物和石英对菱镁矿浮选影响的机理分析

本节对菱镁矿的浮选体系中，菱镁矿的主要伴生矿物白云石、滑石、蛇纹石、石英对菱镁矿浮选影响的原因进行探讨。E-DLVO 理论计算所取的动电位和表面张力分量数值由本章 5.2～5.4 节的测量和计算结果得出，油酸钠浓度和十二胺浓度以及搅拌时间均与单矿物试验条件一致。

5.5.1　白云石对菱镁矿浮选影响的机理分析

5.5.1.1　油酸钠体系下

根据扩展 DLVO 理论公式（5-1）~式（5-16），计算不同粒级菱镁矿与白云石颗粒在油酸钠体系下的相互作用力 V_T^{ED}，考虑范德华力 V_W、静电力 V_E、水化斥力 V_{HR} 和疏水引力 V_{HA}，取 80μm、50μm、20μm、5μm 粒径的菱镁矿和白云石进行计算，80μm、50μm 与 20μm、5μm 粒径作用时采用球–板模型。20μm 与 5μm 粒径作用时采用球–板模型，其余采用球–球模型。菱镁矿和白云石的 Hamaker 常数 $A_{菱}=4.38\times10^{-20}\,\mathrm{J}$，$A_{白}=13.75\times10^{-20}\,\mathrm{J}$，在 pH 值是 8.5 时，菱镁矿和白云石的动电位 $\zeta_{菱}=-57\mathrm{mV}$，$\zeta_{白}=-62\mathrm{mV}$。在油酸钠溶液中的界面张力分量为 $\gamma_{菱}^d=7.42\mathrm{mJ/m^2}$，$\gamma_{菱}^-=0.31\mathrm{mJ/m^2}$，$\gamma_{白}^d=7.42\mathrm{mJ/m^2}$，$\gamma_{白}^-=0.31\mathrm{mJ/m^2}$，计算结果如图 5-44~图 5-47 所示。

由计算结果可以看出，菱镁矿与白云石之间的总 E-DLVO 势能为负，颗粒之间的作用为吸引力，80μm 粒径菱镁矿与 80μm 粒径白云石之间的作用能最大，随着粒径变小颗粒之间的相互作用能变小。

因此，粗粒菱镁矿与白云石之间更容易发生吸附，从而使菱镁矿与白云石的浮选回收率受到影响，菱镁矿的回收率降低，白云石的回收率上升，这与图 4-36

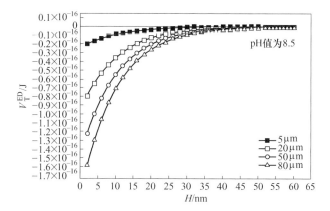

图 5-44 油酸钠体系下 80μm 粒径菱镁矿与各粒径白云石作用 E-DLVO 势能曲线

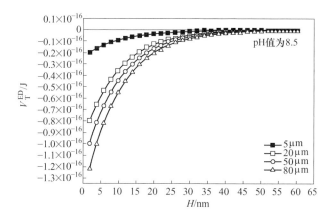

图 5-45 油酸钠体系下 50μm 粒径菱镁矿与各粒径白云石作用 E-DLVO 势能曲线

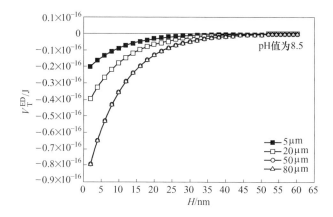

图 5-46 油酸钠体系下 20μm 粒径菱镁矿与各粒径白云石作用 E-DLVO 势能曲线

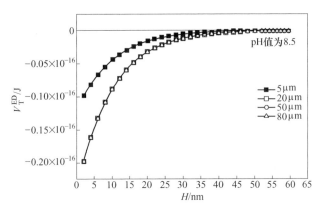

图 5-47 油酸钠体系下 5μm 粒径菱镁矿与各粒径白云石作用 E-DLVO 势能曲线

中不同粒级菱镁矿与白云石的浮选试验结果相吻合。菱镁矿与白云石在油酸钠体系下的浮选尾矿在扫描电镜下的观察结果如图 5-48 所示,可以发现,菱镁矿与白云石之间确实发生了吸附现象。因此,颗粒之间的吸附是造成菱镁矿与白云石浮选过程中交互影响的原因之一。由第 4 章的研究结果发现,六偏磷酸钠这种常用的分散剂对削弱白云石对菱镁矿的不利影响方面有很好的效果,正是由于其分散作用,减轻了白云石与菱镁矿之间的吸附罩盖作用,降低了白云石对菱镁矿的抑制作用,因此可以利用六偏磷酸钠作为菱镁矿实际矿石浮选分离的分散剂。

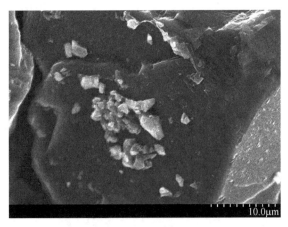

图 5-48 油酸钠体系下 -0.067mm+0.045mm 菱镁矿与 -0.045mm 白云石的浮选产品 SEM 图像

5.5.1.2 十二胺体系下

根据扩展 DLVO 理论公式 (5-1)~式 (5-16),计算不同粒级菱镁矿与白云石颗粒在十二胺体系下的相互作用力 V_T^{ED},考虑范德华力 V_W、静电力 V_E、水化

斥力 V_{HR} 和疏水引力 V_{HA}，取 80μm、50μm、20μm、5μm 粒径菱镁矿和白云石进行计算，80μm、50μm 与 20μm、5μm 粒径作用时采用球–板模型，20μm 与 5μm 粒径作用时采用球–板模型，其余采用球-球模型。菱镁矿和白云石的 Hamaker 常数 $A_菱 = 4.38×10^{-20}$ J，$A_白 = 13.75×10^{-20}$ J，在 pH 值为 8.5 时，菱镁矿和白云石的表面动电位 $\zeta_菱 = 1.8$ mV，$\zeta_白 = 1$ mV。在十二胺溶液中的界面张力分量为 $\gamma_菱^d = 47.66$ mJ/m^2，$\gamma_菱^- = 64.51$ mJ/m^2，$\gamma_白^d = 5.63$ mJ/m^2，$\gamma_白^- = 27.72$ mJ/m^2，计算结果如图 5-49~图 5-52 所示。

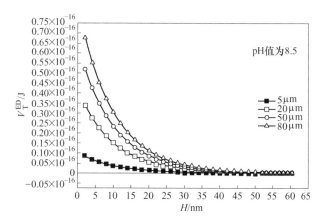

图 5-49 十二胺体系下 80μm 粒径菱镁矿与各粒径白云石作用 E-DLVO 势能曲线

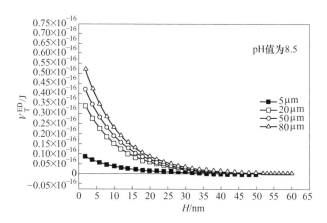

图 5-50 十二胺体系下 50μm 粒径菱镁矿与各粒径白云石作用 E-DLVO 势能曲线

由计算结果可以看出，菱镁矿与白云石之间的总 E-DLVO 势能为正，颗粒之间的作用为斥力，80μm 粒径菱镁矿与 80μm 粒径白云石之间的作用能最大，随着粒径变小颗粒之间的相互作用能变小。

因此，在十二胺体系下粗粒菱镁矿与粗粒白云石之间不容易发生吸附，吸附

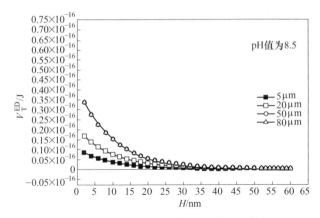

图 5-51　十二胺体系下 20μm 粒径菱镁矿与各粒径白云石作用 E-DLVO 势能曲线

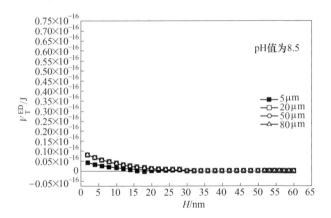

图 5-52　十二胺体系下 5μm 粒径菱镁矿与各粒径白云石作用 E-DLVO 势能曲线

罩盖不是十二胺体系下菱镁矿与白云石之间交互影响的原因。

5.5.2　滑石对菱镁矿浮选影响的机理分析

5.5.2.1　油酸钠体系下

根据扩展 DLVO 理论公式（5-1）~式（5-16），计算不同粒级菱镁矿与滑石颗粒在油酸钠体系下的相互作用力 V_T^{ED}，考虑范德华力 V_W、静电力 V_E、水化斥力 V_{HR} 和疏水引力 V_{HA}，取 80μm、50μm、20μm、5μm 粒径菱镁矿和滑石进行计算，80μm、50μm 与 20μm、5μm 粒径作用时采用球-板模型，20μm 与 5μm 粒径作用时采用球-板模型，其余采用球-球模型。菱镁矿和滑石的 Hamaker 常数 $A_菱 = 4.38×10^{-20}$J，$A_滑 = 1.55×10^{-20}$J，在 pH 值为 8.5 时，菱镁矿和滑石的动电

位 $\zeta_{菱}=-57mV$，$\zeta_{滑}=-48mV$。在油酸钠溶液中的界面张力分量为 $\gamma_{菱}^{d}=7.42mJ/m^2$，$\gamma_{菱}^{-}=0.31mJ/m^2$，$\gamma_{滑}^{d}=7.57mJ/m^2$，$\gamma_{滑}^{-}=7.83mJ/m^2$，计算结果如图5-53~图5-56所示。

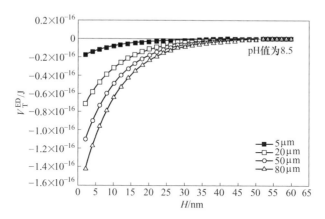

图 5-53 油酸钠体系下 80μm 粒径菱镁矿与各粒径滑石作用 E-DLVO 势能曲线

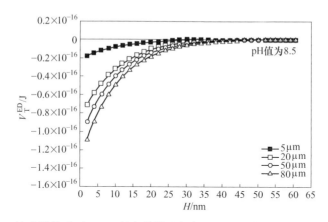

图 5-54 油酸钠体系下 50μm 粒径菱镁矿与各粒径滑石作用 E-DLVO 势能曲线

由计算结果可以看出，菱镁矿与滑石之间的总 E-DLVO 势能为负，颗粒之间的作用为吸引力，80μm 粒径菱镁矿与 80μm 粒径滑石之间的作用能最大，随着粒径变小颗粒之间的相互作用能变小。

因此，粗粒菱镁矿与滑石之间更容易发生吸附，从而使菱镁矿与滑石的浮选回收率受到影响，滑石的回收率上升。这与图 4-38 中不同粒级菱镁矿与滑石的浮选试验结果相吻合。菱镁矿与滑石在油酸钠体系下的浮选尾矿在扫描电镜下的观察结果如图 5-57 所示，从而验证了菱镁矿与滑石之间确实发生了吸附。

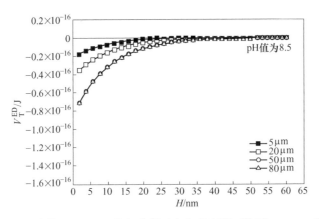

图 5-55　油酸钠体系下 20μm 粒径菱镁矿与各粒径滑石作用 E-DLVO 势能曲线

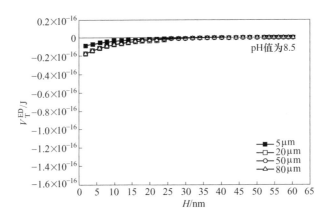

图 5-56　油酸钠体系下 5μm 粒径菱镁矿与各粒径滑石作用 E-DLVO 势能曲线

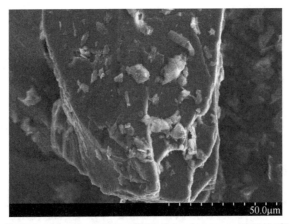

图 5-57　油酸钠体系下 -0.1mm+0.067mm 菱镁矿与 -0.045mm 滑石的浮选产品 SEM 图像

5.5.2.2 十二胺体系下

根据扩展 DLVO 理论公式（5-1）~式（5-16），计算不同粒级菱镁矿与滑石颗粒在油酸钠体系下的相互作用力 V_T^{ED}，考虑范德华力 V_W、静电力 V_E、水化斥力 V_{HR} 和疏水引力 V_{HA}，取 80μm、50μm、20μm、5μm 粒径的菱镁矿和滑石进行计算，80μm、50μm 与 20μm、5μm 粒径作用时采用球-板模型，20μm 与 5μm 粒径作用时采用球-板模型，其余采用球-球模型。菱镁矿和滑石的 Hamaker 常数 $A_{菱}$ = 4.38×10^{-20}J，$A_{滑}$ = 4.52×10^{-20}J，在 pH 值为 8.5 时，菱镁矿和白云石的动电位 $\zeta_{菱}$ = 1.8mV，$\zeta_{滑}$ = 3mV。在十二胺溶液中的界面张力分量为 $\gamma_{菱}^d$ = 47.66mJ/m^2，$\gamma_{菱}^-$ = 64.51mJ/m^2，$\gamma_{滑}^d$ = 9.82mJ/m^2，$\gamma_{滑}^-$ = 33.75mJ/m^2，计算结果如图 5-58~图5-61 所示。

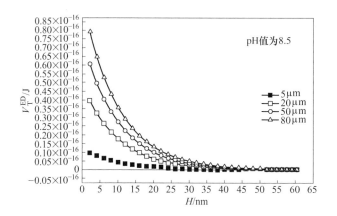

图 5-58 十二胺体系下 80μm 粒径菱镁矿与各粒径滑石作用 E-DLVO 势能曲线

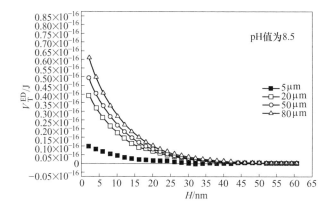

图 5-59 十二胺体系下 50μm 粒径菱镁矿与各粒径滑石作用 E-DLVO 势能曲线

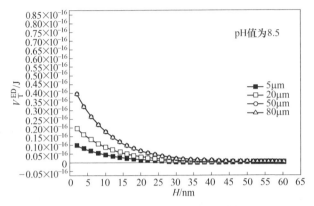

图 5-60　十二胺体系下 20μm 粒径菱镁矿与
各粒径滑石作用 E-DLVO 势能曲线

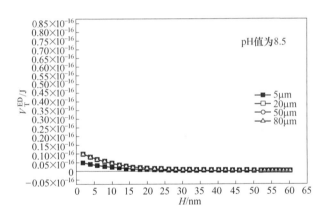

图 5-61　十二胺体系下 5μm 粒径菱镁矿与
各粒径滑石作用 E-DLVO 势能曲线

　　由计算结果可以看出，菱镁矿与滑石之间的总 E-DLVO 势能为正，颗粒之间的作用为斥力，随着粒径变小颗粒之间的相互作用能变小。因此，根据 E-DLVO 理论在十二胺体系下菱镁矿与滑石之间不容易发生吸附，因此吸附罩盖不是交互影响的原因。

5.5.3　蛇纹石对菱镁矿浮选影响的机理分析

5.5.3.1　油酸钠体系下

　　根据扩展 DLVO 理论公式（5-1）~式（5-16），计算不同粒级菱镁矿与蛇纹石颗粒在油酸钠体系下的相互作用力 V_T^ED，考虑范德华力 V_W、静电力 V_E、水化斥力 V_HR 和疏水引力 V_HA，取 80μm、50μm、20μm、5μm 粒径菱镁矿和蛇纹石进行计算，80μm、50μm 与 20μm、5μm 粒径作用时采用球-板模型，20μm 与 5μm 粒径作用时采用球-板模型，其余采用球-球模型。菱镁矿和蛇纹石的 Hamaker 常数 $A_\text{菱} = 4.38 \times 10^{-20}\mathrm{J}$，$A_\text{蛇} = 1.54 \times 10^{-20}\mathrm{J}$，在 pH 值为 8.5 时，菱镁矿和蛇纹石的动电位 $\zeta_\text{菱} = -57\mathrm{mV}$，$\zeta_\text{蛇} = -55\mathrm{mV}$。在油酸钠溶液中的界面张力分量为 $\gamma_\text{菱}^\mathrm{d} = 7.42\mathrm{mJ/m^2}$，$\gamma_\text{菱}^- = 0.31\mathrm{mJ/m^2}$，$\gamma_\text{蛇}^\mathrm{d} = 35.15\mathrm{mJ/m^2}$，$\gamma_\text{蛇}^- = 67.30\mathrm{mJ/m^2}$，计算结果如图 5-62~图 5-65 所示。

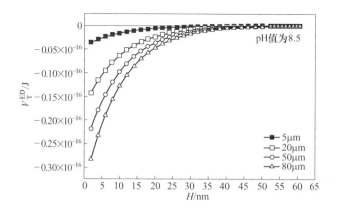

图 5-62 油酸钠体系下 80μm 粒径菱镁矿与各粒径蛇纹石作用 E-DLVO 势能曲线

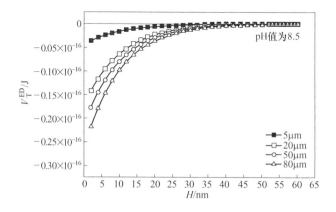

图 5-63 油酸钠体系下 50μm 粒径菱镁矿与各粒径蛇纹石作用 E-DLVO 势能曲线

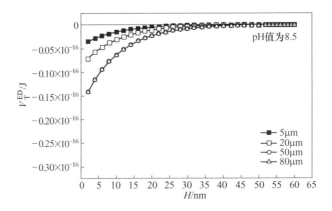

图 5-64　油酸钠体系下 20μm 粒径菱镁矿与各粒径蛇纹石作用 E-DLVO 势能曲线

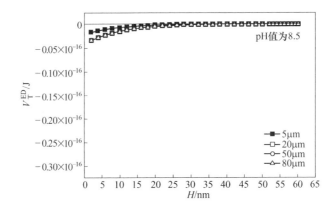

图 5-65　油酸钠体系下 5μm 粒径菱镁矿与各粒径蛇纹石作用 E-DLVO 势能曲线

由计算结果可以看出，菱镁矿与蛇纹石之间的总 E-DLVO 势能为负，颗粒之间的作用为吸引力，80μm 粒径菱镁矿与 80μm 粒径蛇纹石之间的作用能最大，随着粒径变小颗粒之间的相互作用能变小。

因此，粗粒菱镁矿与粗粒蛇纹石之间更容易发生吸附，从而使菱镁矿与蛇纹石的浮选回收率受到影响，菱镁矿的浮选回收率下降，蛇纹石的浮选回收率上升。同时，由于细粒与粗粒接触碰撞的概率高，细粒在粗粒表面的吸附空间大，因而细粒级的蛇纹石对粗粒级菱镁矿的浮选回收率影响最大，图 4-37 中不同粒级菱镁矿与蛇纹石的浮选试验结果与这一分析相符。菱镁矿与蛇纹石在油酸钠体系下的浮选尾矿在扫描电镜下的观察结果如图 5-66 所示，验证了菱镁矿与蛇纹石之间发生了吸附。因此，吸附罩盖是油酸钠体系下蛇纹石与菱镁矿交互影响的原因之一。

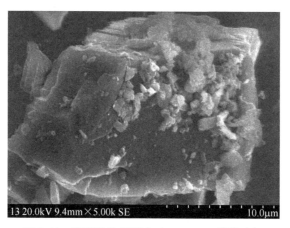

图 5-66 油酸钠体系下小于 0.045mm 菱镁矿与
小于 0.045mm 蛇纹石的浮选产品 SEM 图像

5.5.3.2 十二胺体系下

根据扩展 DLVO 理论公式（5-1）~式（5-16），计算不同粒级菱镁矿与蛇纹石颗粒在十二胺体系下的相互作用力 V_T^{ED}，考虑范德华力 V_W、静电力 V_E、水化斥力 V_{HR} 和疏水引力 V_{HA}，取 80μm、50μm、20μm、5μm 粒径菱镁矿和蛇纹石进行计算，80μm、50μm 与 20μm、5μm 粒径作用时采用球–板模型，20μm 与 5μm 粒径作用时采用球-板模型，其余采用球-球模型。菱镁矿和蛇纹石的 Hamaker 常数 $A_{菱} = 4.38 \times 10^{-20} J$，$A_{蛇} = 1.54 \times 10^{-20} J$，在 pH 值为 8.5 时，菱镁矿和蛇纹石的动电位 $\zeta_{菱} = 1.8mV$，$\zeta_{蛇} = 7mV$。在十二胺溶液中的界面张力分量为 $\gamma_{菱}^d = 47.66mJ/m^2$，$\gamma_{菱}^- = 64.51mJ/m^2$，$\gamma_{蛇}^d = 66.70mJ/m^2$，$\gamma_{蛇}^- = 40.77mJ/m^2$，计算结果如图 5-67~图 5-70 所示。

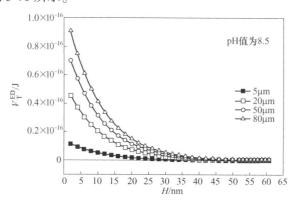

图 5-67 十二胺体系下 80μm 粒径菱镁矿与各粒径
蛇纹石作用 E-DLVO 势能曲线

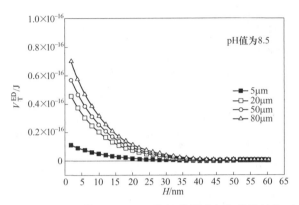

图 5-68　十二胺体系下 50μm 粒径菱镁矿与各粒径蛇纹石
作用 E-DLVO 势能曲线

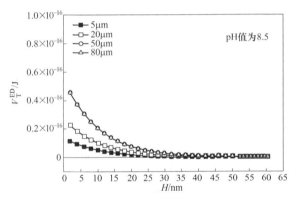

图 5-69　十二胺体系下 20μm 粒径菱镁矿与各粒径蛇纹石
作用 E-DLVO 势能曲线

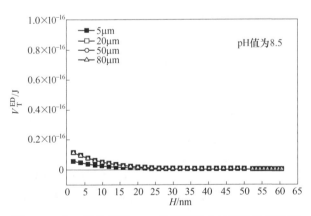

图 5-70　十二胺体系下 5μm 粒径菱镁矿与各粒径蛇纹石
作用 E-DLVO 势能曲线

由计算结果可以看出，菱镁矿与蛇纹石之间的总 E-DLVO 势能为正，颗粒之间的作用为斥力，随着粒径变小颗粒之间的相互作用能变小。根据 E-DLVO 理论认为，在十二胺体系下菱镁矿与蛇纹石之间不发生吸附。因此，吸附罩盖不是十二胺体系下蛇纹石与菱镁矿交互影响的原因。

5.5.4 石英对菱镁矿浮选影响的机理分析

5.5.4.1 油酸钠体系下

根据扩展 DLVO 理论公式（5-1）~式（5-16），计算不同粒级菱镁矿与石英颗粒在油酸钠体系下的相互作用力 V_T^{ED}，考虑范德华力 V_W、静电力 V_E、水化斥力 V_{HR} 和疏水引力 V_{HA}，取 80μm、50μm、20μm、5μm 粒径菱镁矿和石英进行计算，80μm、50μm 与 20μm、5μm 粒径作用时采用球–板模型，20μm 与 5μm 粒径作用时采用球-板模型，其余采用球-球模型。菱镁矿和石英的 Hamaker 常数 $A_{菱} = 4.38 \times 10^{-20}$ J，$A_{石英} = 8.72 \times 10^{-20}$ J，在 pH 值为 8.5 时，菱镁矿和石英的动电位 $\zeta_{菱} = -57$ mV，$\zeta_{石英} = -3$ mV。在油酸钠溶液中的界面张力分量为 $\gamma_{菱}^{d} = 7.42$ mJ/m^2，$\gamma_{菱}^{-} = 0.31$ mJ/m^2，$\gamma_{石英}^{d} = 48.92$ mJ/m^2，$\gamma_{石英}^{-} = 63.17$ mJ/m^2，计算结果如图 5-71 ~ 图 5-74 所示。

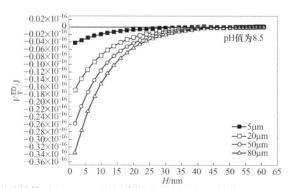

图 5-71 油酸钠体系下 80μm 粒径菱镁矿与各粒径石英作用 E-DLVO 势能曲线

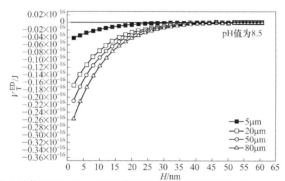

图 5-72 油酸钠体系下 50μm 粒径菱镁矿与各粒径石英作用 E-DLVO 势能曲线

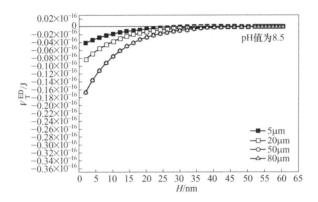

图 5-73　油酸钠体系下 20μm 粒径菱镁矿与各粒径
石英作用 E-DLVO 势能曲线

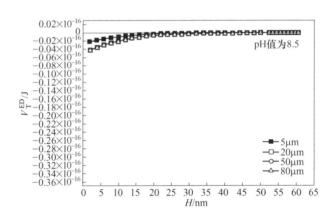

图 5-74　油酸钠体系下 5μm 粒径菱镁矿与各粒径
石英作用 E-DLVO 势能曲线

　　由计算结果可以看出，菱镁矿与石英之间的总 E-DLVO 势能为负，颗粒之间的作用为吸引力，80μm 粒径菱镁矿与 80μm 粒径石英之间的作用能最大，随着粒径变小颗粒之间的相互作用能变小。

　　因此，菱镁矿与石英之间容易发生吸附，从而使菱镁矿与石英的浮选回收率受到影响，菱镁矿的浮选回收率下降，石英的浮选回收率上升。菱镁矿与石英在油酸钠体系下的浮选尾矿在扫描电镜下的观察结果如图 5-75 所示，从而验证了菱镁矿与石英之间确实发生了吸附。因此，吸附罩盖是油酸钠体系下菱镁矿与石英之间交互影响的原因之一。

图 5-75　油酸钠体系下-0.045mm 菱镁矿与-0.1+0.067mm
石英的浮选产品 SEM 图像

5.5.4.2　十二胺体系下

根据扩展 DLVO 理论公式（5-1）~式（5-16），计算不同粒级菱镁矿与石英颗粒在十二胺体系下的相互作用力 V_T^{ED}，考虑范德华力 V_W、静电力 V_E、水化斥力 V_{HR} 和疏水引力 V_{HA}，取 $80\mu m$、$50\mu m$、$20\mu m$、$5\mu m$ 粒径菱镁矿和石英进行计算，$80\mu m$、$50\mu m$ 与 $20\mu m$、$5\mu m$ 粒径作用时采用球-板模型。$20\mu m$ 与 $5\mu m$ 粒径作用时采用球-板模型，其余采用球-球模型。菱镁矿和石英的 Hamaker 常数 $A_{菱}$ = 4.38×10^{-20}J，$A_{石英}$ = 8.72×10^{-20}J，在 pH 值为 8.5 时，菱镁矿和石英的动电位 $\zeta_{菱}$ = 1.8mV，$\zeta_{石英}$ = 11mV。在十二胺溶液中的界面张力分量为 $\gamma_{菱}^d$ = 47.66mJ/m^2，$\gamma_{菱}^-$ = 64.51mJ/m^2，$\gamma_{石英}^d$ = 66.70mJ/m^2，$\gamma_{石英}^-$ = 40.77mJ/m^2，计算结果如图 5-76~图 5-79 所示。

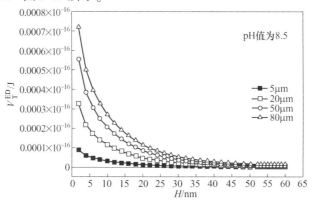

图 5-76　十二胺体系下 $80\mu m$ 粒径菱镁矿与各粒径石英
作用 E-DLVO 势能曲线

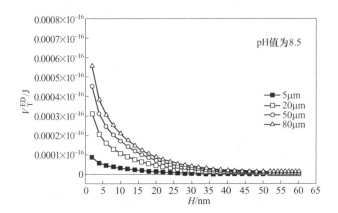

图 5-77　十二胺体系下 40μm 粒径菱镁矿与各粒径石英
作用 E-DLVO 势能曲线

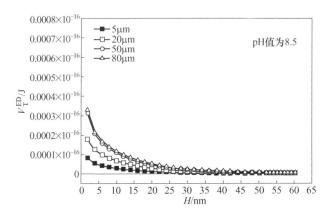

图 5-78　十二胺体系下 20μm 粒径菱镁矿与各粒径蛇纹石
作用 E-DLVO 势能曲线

　　由计算结果可以看出，菱镁矿与石英之间的总 E-DLVO 势能为正，颗粒之间的作用为斥力，随着粒径变小颗粒之间的相互作用能变小。因此，吸附罩盖不是十二胺体系下菱镁矿与石英交互影响的原因。

5.6　含镁矿物对石英浮选影响的机理分析

　　本节对含镁矿物白云石、蛇纹石、滑石对石英的浮选影响的原因进行探讨。E-DLVO 理论计算所取的动电位和表面张力分量数值由本章 5.2~5.4 节的测量和计算结果得出，油酸钠浓度和十二胺浓度以及搅拌时间均与单矿物试验条件一致。

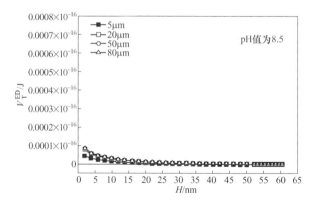

图 5-79　十二胺体系下 5μm 粒径菱镁矿与各粒径石英作用 E-DLVO 势能曲线

5.6.1　白云石对石英浮选影响的机理分析

5.6.1.1　油酸钠体系下

根据扩展 DLVO 理论公式（5-1）~式（5-16），计算不同粒级白云石与石英颗粒在油酸钠体系下的相互作用力 V_T^{ED}，考虑范德华力 V_W、静电力 V_E、水化斥力 V_{HR} 和疏水引力 V_{HA}，取 80μm、50μm、20μm、5μm 粒径白云石和石英进行计算，80μm、50μm 与 20μm、5μm 粒径作用时采用球-板模型，20μm 与 5μm 粒径作用时采用球-板模型，其余采用球-球模型。白云石和石英的 Hamaker 常数 $A_白$ = 13.75 × 10^{-20}J，$A_{石英}$ = 8.72 × 10^{-20}J，在 pH 值为 8.5 时，菱镁矿和石英的动电位 $\zeta_白$ = − 62mV，$\zeta_{石英}$ = − 3mV。在油酸钠溶液中的界面张力分量为 $\gamma_白^d$ = 1.27mJ/m^2，$\gamma_白^-$ = 4.13mJ/m^2，$\gamma_{石英}^d$ = 48.92mJ/m^2，$\gamma_{石英}^-$ = 63.17mJ/m^2，计算结果如图 5-80~图 5-83 所示。

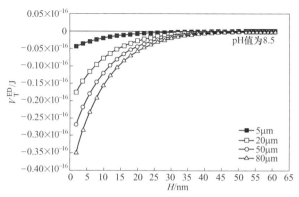

图 5-80　油酸钠体系下 80μm 粒径白云石与各粒径石英
作用 E-DLVO 势能曲线

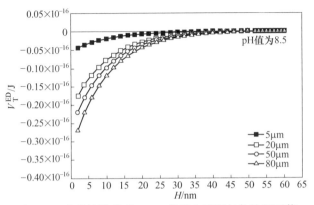

图 5-81　油酸钠体系下 50μm 粒径白云石与各粒径石英
作用 E-DLVO 势能曲线

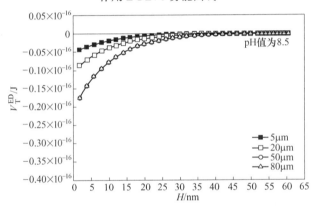

图 5-82　油酸钠体系下 20μm 粒径白云石与各粒径石英
作用 E-DLVO 势能曲线

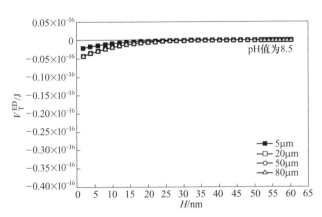

图 5-83　油酸钠体系下 5μm 粒径白云石与各粒径石英
作用 E-DLVO 势能曲线

由计算结果可以看出，白云石与石英之间的总 E-DLVO 势能为负，颗粒之间的作用为吸引力，80μm 粒径白云石与 80μm 粒径石英之间的作用能最大，随着粒径变小颗粒之间的相互作用能变小，随着颗粒之间距离变小作用能变大。

因此，白云石与石英之间容易发生吸附，从而使白云石与石英的浮选回收率受到影响，白云石吸附在石英表面能使石英的浮选回收率上升，因此吸附罩盖是油酸钠体系下白云石与石英之间交互影响的原因之一。

5.6.1.2 十二胺体系下

根据扩展 DLVO 理论公式 (5-1)~式(5-16)，计算不同粒级白云石与石英颗粒在十二胺体系下的相互作用力 V_T^{ED}，考虑范德华力 V_W、静电力 V_E、水化斥力 V_{HR} 和疏水引力 V_{HA}，取 80μm、50μm、20μm、5μm 粒径白云石和石英进行计算，80μm、50μm 与 20μm、5μm 粒径作用时采用球-板模型，20μm 与 5μm 粒径作用时采用球-板模型，其余采用球-球模型。白云石和石英的 Hamaker 常数 $A_白$ = $13.75 × 10^{-20}$J，$A_{石英}$ = $8.72 × 10^{-20}$J，在 pH 值为 8.5 时，白云石和石英的动电位 $\zeta_白$ =1mV，$\zeta_{石英}$ = 11mV。在十二胺溶液中的界面张力分量为 $\gamma_白^d$ = 5.63mJ/m², $\gamma_白^-$ = 27.72mJ/m², $\gamma_{石英}^d$ = 66.70mJ/m², $\gamma_{石英}^-$ = 40.77mJ/m²，计算结果如图 5-84~图 5-87 所示。

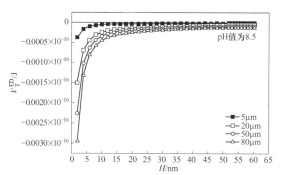

图 5-84　十二胺体系下 80μm 粒径白云石与各粒径石英作用 E-DLVO 势能曲线

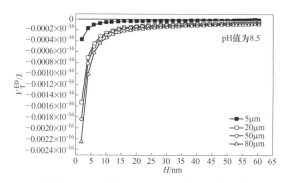

图 5-85　十二胺体系下 50μm 粒径白云石与各粒径石英作用 E-DLVO 势能曲线

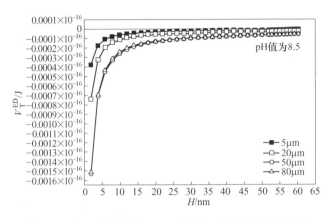

图 5-86　十二胺体系下 20μm 粒径白云石与各粒径石英
作用 E-DLVO 势能曲线

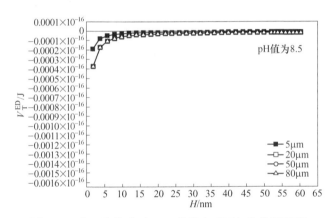

图 5-87　十二胺体系下 5μm 粒径白云石与各粒径石英
作用 E-DLVO 势能曲线

　　由计算结果可以看出，白云石与石英之间的总 E-DLVO 势能为负，颗粒之间的作用为引力，随着粒径变小颗粒之间的相互作用能变小，随着颗粒间距离变小作用能变大。白云石与石英之间能够发生吸附罩盖，因此吸附罩盖是十二胺体系下白云石与石英交互影响的原因之一。

5.6.2　滑石对石英浮选影响的机理分析

5.6.2.1　油酸钠体系下

　　根据扩展 DLVO 理论公式（5-1）～式（5-16），计算不同粒级滑石与石英颗粒在油酸钠体系下的相互作用力 V_T^{ED}，考虑范德华力 V_W、静电力 V_E、水化斥力

V_{HR} 和疏水引力 V_{HA}，取 80μm、50μm、20μm、5μm 粒径滑石和石英进行计算，80μm、50μm 与 20μm、5μm 粒径作用时采用球-板模型，20μm 与 5μm 粒径作用时采用球-板模型，其余采用球-球模型。滑石和石英的 Hamaker 常数 $A_滑 = 4.52 \times 10^{-20}$J，$A_{石英} = 8.72 \times 10^{-20}$J，在 pH 值为 8.5 时，滑石和石英的动电位 $\zeta_滑 = -48$mV，$\zeta_{石英} = -3$mV。在油酸钠溶液中的界面张力分量为 $\gamma_滑^d = 7.57$mJ/m²，$\gamma_滑^- = 7.83$mJ/m²，$\gamma_{石英}^d = 48.92$mJ/m²，$\gamma_{石英}^- = 63.17$mJ/m²，计算结果如图 5-88~图 5-91 所示。

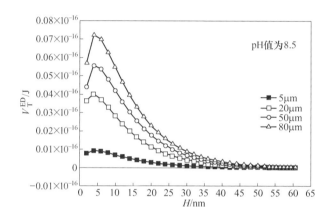

图 5-88　油酸钠体系下 80μm 粒径滑石与各粒径石英
作用 E-DLVO 势能曲线

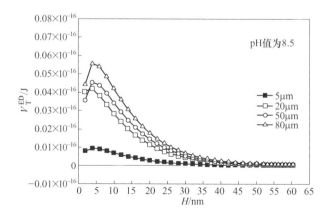

图 5-89　油酸钠体系下 50μm 粒径滑石与各粒径石英
作用 E-DLVO 势能曲线

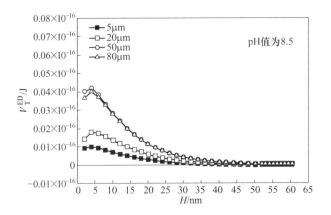

图 5-90   油酸钠体系下 20μm 粒径滑石与各粒径石英
作用 E-DLVO 势能曲线

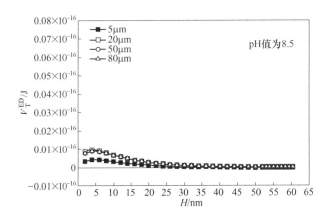

图 5-91   油酸钠体系下 5μm 粒径滑石与各粒径石英
作用 E-DLVO 势能曲线

由计算结果可以看出,滑石与石英之间的总 E-DLVO 势能为正,颗粒之间的作用为斥力,随着粒径变小颗粒之间的相互作用能变小,随着颗粒之间距离变小作用能变大;在距离为 5nm 左右时经过一个势垒,作用能有所减小,但总作用能仍然为正,颗粒之间以斥力为主,不容易发生吸附罩盖。

因此,在油酸钠体系下滑石与石英之间不容易发生吸附,吸附罩盖不是在油酸钠体系下滑石与石英之间交互影响的原因。

5.6.2.2   十二胺体系下

根据扩展 DLVO 理论公式(5-1)~式(5-16),计算不同粒级滑石与石英颗粒在十二胺体系下的相互作用力 V_T^{ED}，考虑范德华力 V_W、静电力 V_E、水化斥力 V_{HR} 和疏水引力 V_{HA}，取 $80\mu m$、$50\mu m$、$20\mu m$、$5\mu m$ 粒径滑石和石英进行计算，$80\mu m$、$50\mu m$ 与 $20\mu m$、$5\mu m$ 粒径作用时采用球-板模型，$20\mu m$ 与 $5\mu m$ 粒径作用时采用球-板模型，其余采用球-球模型。滑石和石英的 Hamaker 常数 $A_{滑} = 4.52 \times 10^{-20} J$，$A_{石英} = 8.72 \times 10^{-20} J$，在 pH 值为 8.5 时，滑石和石英的动电位 $\zeta_{滑} = 3mV$，$\zeta_{石英} = 11mV$。在十二胺溶液中的界面张力分量为 $\gamma_{滑}^d = 5.63 mJ/m^2$，$\gamma_{滑}^- = 27.72 mJ/m^2$，$\gamma_{石英}^d = 66.70 mJ/m^2$，$\gamma_{石英}^- = 40.77 mJ/m^2$，计算结果如图 5-92 ~ 图 5-95 所示。

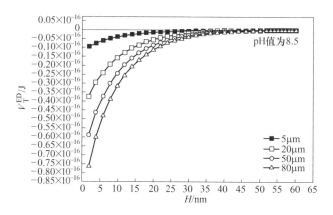

图 5-92　十二胺体系下 $80\mu m$ 粒径滑石与各粒径石英
作用 E-DLVO 势能曲线

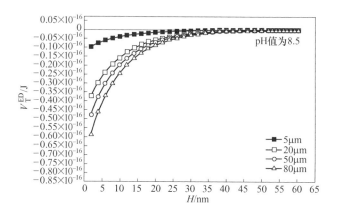

图 5-93　十二胺体系下 $50\mu m$ 粒径滑石与各粒径石英
作用 E-DLVO 势能曲线

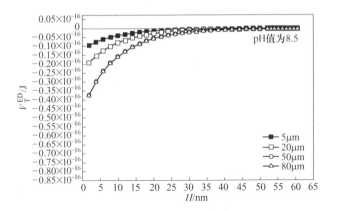

图 5-94　十二胺体系下 20μm 粒径滑石与各粒径石英
作用 E-DLVO 势能曲线

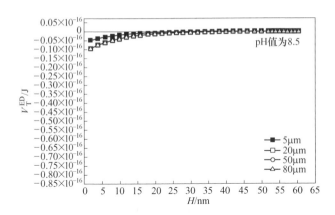

图 5-95　十二胺体系下 5μm 粒径滑石与各粒径石英
作用 E-DLVO 势能曲线

　　由计算结果可以看出，滑石与石英之间的总 E-DLVO 势能为负，颗粒之间的作用为引力，随着粒径变小颗粒之间的相互作用能变小，随着颗粒间距离变小作用能变大。因此，在十二胺体系下滑石与石英颗粒之间容易发生吸附，从而降低了石英的浮选回收率（见图 4-54 中十二胺体系下滑石与石英混合浮选的试验结果）。通过扫描电镜观察十二胺作用下滑石与石英混合矿浮选产品的 SEM 图像如图 5-96 所示，石英与滑石颗粒之间确实有吸附现象发生，这验证了试验和计算的结果。因此，吸附罩盖是十二胺体系下石英与滑石交互作用的原因之一。

图 5-96　十二胺体系下小于 0.045mm 滑石与
0.045~0.067mm 石英的浮选产品 SEM 图像

5.6.3　蛇纹石对石英浮选影响的机理分析

5.6.3.1　油酸钠体系下

根据扩展 DLVO 理论公式（5-1）~式（5-16），计算不同粒级蛇纹石与石英颗粒在油酸钠体系下的相互作用力 V_T^{ED}，考虑范德华力 V_W、静电力 V_E、水化斥力 V_{HR} 和疏水引力 V_{HA}，取 $80\mu m$、$50\mu m$、$20\mu m$、$5\mu m$ 粒径蛇纹石和石英进行计算，$80\mu m$、$50\mu m$ 与 $20\mu m$、$5\mu m$ 粒径作用时采用球-板模型，$20\mu m$ 与 $5\mu m$ 粒径作用时采用球-板模型，其余采用球-球模型。蛇纹石和石英的 Hamaker 常数 $A_{蛇}$ = $1.54 \times 10^{-20} J$，$A_{石英}$ = $8.72 \times 10^{-20} J$，在 pH 值 = 8.5 时，蛇纹石和石英的动电位 $\zeta_{蛇}$ = $-55mV$，$\zeta_{石英}$ = $-3mV$。在油酸钠溶液中的界面张力分量为 $\gamma_{蛇}^-$ = $35.15mJ/m^2$，$\gamma_{蛇}^-$ = $67.30mJ/m^2$，$\gamma_{石英}^d$ = $48.92mJ/m^2$，$\gamma_{石英}^-$ = $63.17mJ/m^2$，计算结果如图 5-97~图 5-100 所示。

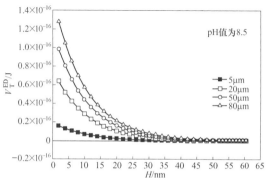

图 5-97　油酸钠体系下 $80\mu m$ 粒径蛇纹石与各粒径
石英作用 E-DLVO 势能曲线

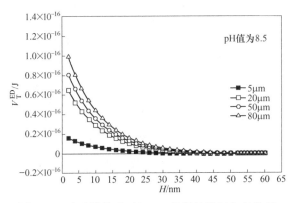

图 5-98　油酸钠体系下 50μm 粒径蛇纹石与各粒径
石英作用 E-DLVO 势能曲线

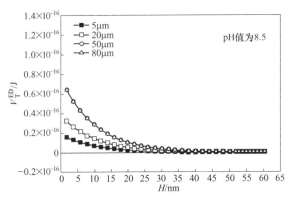

图 5-99　油酸钠体系下 20μm 粒径蛇纹石与各粒径
石英作用 E-DLVO 势能曲线

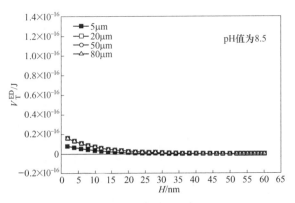

图 5-100　油酸钠体系下 5μm 粒径蛇纹石与各粒径
石英作用 E-DLVO 势能曲线

由计算结果可以看出，蛇纹石与石英之间的总 E-DLVO 势能为正，颗粒之间的作用为斥力，随着粒径变小颗粒之间的相互作用能变小，随着颗粒之间距离变小作用能变大。因此，在油酸钠体系下蛇纹石与石英之间不容易发生吸附，吸附罩盖不是油酸钠体系下蛇纹石与石英之间交互影响的原因。

5.6.3.2 十二胺体系下

根据扩展 DLVO 理论公式 (5-1)~式 (5-16)，计算不同粒级蛇纹石与石英颗粒在十二胺体系下的相互作用力 V_T^{ED}，考虑范德华力 V_W、静电力 V_E、水化斥力 V_{HR} 和疏水引力 V_{HA}，取 80μm、50μm、20μm、5μm 粒径蛇纹石和石英进行计算，80μm、50μm 与 20μm、5μm 粒径作用时采用球-板模型，20μm 与 5μm 粒径作用时采用球-板模型，其余采用球-球模型。蛇纹石和石英的 Hamaker 常数 $A_蛇$ = 7.30×10^{-20}J，$A_{石英}$ = 8.72×10^{-20}J，在 pH 值为 8.5 时，蛇纹石和石英的动电位 $\zeta_蛇$ = 7mV，$\zeta_{石英}$ = 11mV。在十二胺溶液中的界面张力分量为 $\gamma_蛇^d$ = 66.7mJ/m²，$\gamma_蛇^-$ = 40.77mJ/m²，$\gamma_{石英}^d$ = 66.70mJ/m²，$\gamma_{石英}^-$ = 40.77mJ/m²，计算结果如图 5-101~图 5-104 所示。

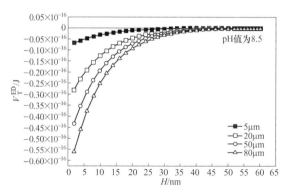

图 5-101 十二胺体系下 80μm 粒径蛇纹石与各粒径
石英作用 E-DLVO 势能曲线

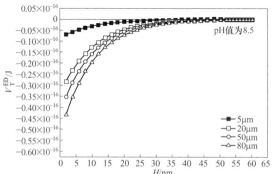

图 5-102 十二胺体系下 50μm 粒径蛇纹石与各粒径
石英作用 E-DLVO 势能曲线

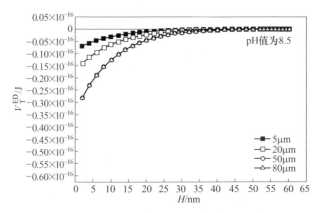

图 5-103　十二胺体系下 20μm 粒径蛇纹石与各粒径
石英作用 E-DLVO 势能曲线

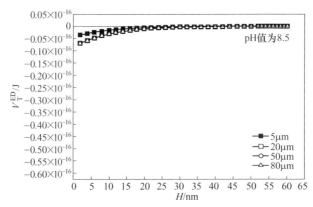

图 5-104　十二胺体系下 5μm 粒径蛇纹石与各粒径
石英作用 E-DLVO 势能曲线

　　由计算结果可以看出，蛇纹石与石英之间的总 E-DLVO 势能为负，颗粒之间的作用为引力，随着粒径变小颗粒之间的相互作用能变小，随着颗粒间距离变小作用能变大。在十二胺体系下蛇纹石与石英颗粒之间容易发生吸附，从而使石英的浮选回收率变小，蛇纹石的浮选回收率变大，大颗粒之间的吸附势能较大，因此粗粒级的石英使粗粒级蛇纹石的回收率上升最多；另外，由于蛇纹石添加量较少，在十二胺体系下石英的可浮性又非常好，石英的回收率并没有大幅下降，细粒级混合时蛇纹石的回收率有所下降应是石英竞争吸附消耗捕收剂的原因造成的（见图 4-53 中十二胺体系下蛇纹石与石英混合浮选的试验结果）。通过扫描电镜观察十二胺体系下蛇纹石与石英混合矿浮选产品的 SEM 图像如图 5-105 所示，石英与蛇纹石颗粒之间确实有吸附现象发生，这验证了试验和计算的结果。因此，吸附罩盖是十二胺体系下蛇纹石与石英的交互作用的原因之一。

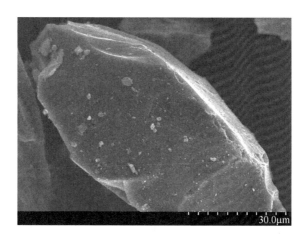

图 5-105　十二胺体系下-0.045mm 蛇纹石与-0.067+0.045mm
石英的浮选产品 SEM 图像

5.7　含镁矿物对水镁石浮选影响的机理分析

本节对含镁矿物白云石、蛇纹石对水镁石浮选交互影响的机理，以及白云石对蛇纹石浮选交互影响的机理进行探讨。E-DLVO 理论计算所取的动电位和表面张力分量数值由本章 5.2~5.4 节的测量和计算结果得出，油酸钠浓度和十二胺浓度以及搅拌时间均与单矿物试验条件一致。

5.7.1　蛇纹石对水镁石浮选影响的机理分析

5.7.1.1　油酸钠体系下

根据扩展 DLVO 理论公式（5-1）~式（5-16），计算不同粒级蛇纹石与水镁石颗粒在油酸钠体系下的相互作用力 V_T^{ED}，考虑范德华力 V_W、静电力 V_E、水化斥力 V_{HR} 和疏水引力 V_{HA}，取 80μm、50μm、20μm、5μm 粒径蛇纹石和水镁石进行计算，80μm、50μm 与 20μm、5μm 粒径作用时采用球-板模型，20μm 与 5μm 粒径作用时采用球-板模型，其余采用球-球模型。蛇纹石和水镁石的 Hamaker 常数 $A_蛇 = 1.54 \times 10^{-20}$ J，$A_{水镁} = 0.38 \times 10^{-20}$ J，在 pH 值在 10.5 时，蛇纹石和水镁石的动电位 $\zeta_蛇 = -50$ mV，$\zeta_{水镁} = -51$ mV。在油酸钠溶液中的界面张力分量为 $\gamma_蛇^d = 35.15$ mJ/m^2，$\gamma_蛇^- = 67.30$ mJ/m^2，$\gamma_{水镁}^d = 48.92$ mJ/m^2，$\gamma_{水镁}^- = 34.37$ mJ/m^2，计算结果如图 5-106~图 5-109 所示。

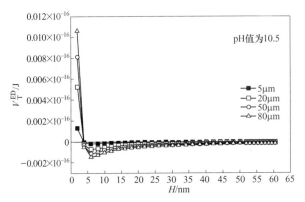

图 5-106　油酸钠体系下 80μm 粒径水镁石与各粒径
蛇纹石作用 E-DLVO 势能曲线

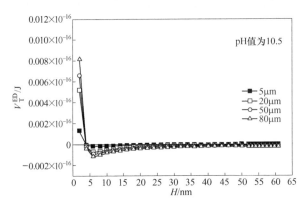

图 5-107　油酸钠体系下 50μm 粒径水镁石与各粒径
蛇纹石作用 E-DLVO 势能曲线

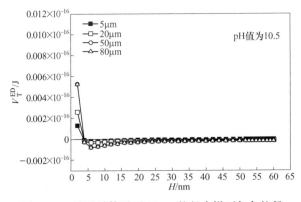

图 5-108　油酸钠体系下 20μm 粒径水镁石与各粒径
蛇纹石作用 E-DLVO 势能曲线

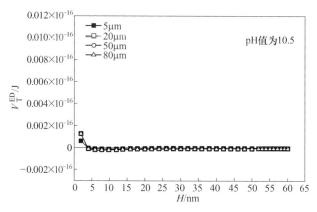

图 5-109 油酸钠体系下 20μm 粒径水镁石与各粒径
蛇纹石作用 E-DLVO 势能曲线

由计算结果可以看出，随着水镁石与蛇纹石颗粒之间距离变小，E-DLVO
势能先是负值为吸引力并逐渐变大，在越过一个较小的势垒之后又转为正值即
斥力并迅速变大，随着颗粒变小作用能减弱。在各项作用能中，范德华作用能
为负值相互吸引，而静电作用能和水化排斥能为正值相互排斥。颗粒之间平衡
距离为 4nm 左右。因此，在油酸钠体系下蛇纹石与水镁石颗粒之间保持一定距
离时能够保持平衡吸附状态，图 5-110 为水镁石和蛇纹石浮选产品的扫描电镜
图片，由图中可知，水镁石与蛇纹石之间确实发生了吸附。图 4-55 中的试验
结果所示，在油酸钠体系下水镁石与蛇纹石混合浮选，粗粒级水镁石与粗粒级
蛇纹石混合浮选时，水镁石的回收率下降，蛇纹石的回收率提高，这是由于产
生吸附罩盖的原因。而粗粒级的水镁石与细粒级蛇纹石混合浮选时，两者的回
收率都有所提高的原因，应该与细粒蛇纹石的溶解也有一定关系，细粒级矿物
的溶解度大，溶解速率高。由蛇纹石的溶解组分图 5-3 可知，在 pH 值为 10.5
左右时蛇纹石的溶解组分中有大量的硅酸根离子，而由图 3-13 中水玻璃对水
镁石可浮性影响可知，少量的水玻璃能够提高水镁石的浮选回收率，因此水镁
石的回收率有所提高。由图 4-57 中的试验结果可知，再添加少量水玻璃为调
整剂时，粗粒和中间粒级蛇纹石对水镁石的抑制作用消失，这是由于水玻璃的
分散效果，解除了粗颗粒间吸附罩盖的影响。而细粒级蛇纹石对粗粒水镁石的
活化作用变为抑制作用，这是由于细粒蛇纹石溶解出的硅酸根离子与水玻璃共
同作用的叠加效果，使水镁石被抑制。这与少量水玻璃活化水镁石，大量水玻
璃抑制水镁石的结果相符。因此，吸附罩盖和溶解离子是水镁石和蛇纹石之间
交互作用的两个原因。在水镁石与蛇纹石的浮选分离过程中，严格控制水玻璃
用量是实现浮选分离的重要因素。

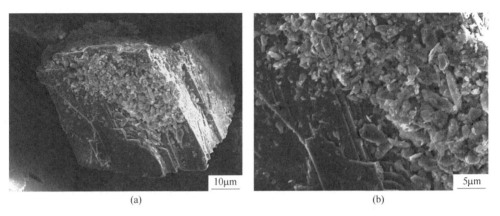

图 5-110　油酸钠体系下 0.067~0.1mm 粒级水镁石与

−0.045mm 粒级蛇纹石的浮选产品 SEM 图像

(a) ×1500；(b) ×3500

5.7.1.2　十二胺体系下

根据扩展 DLVO 理论公式（5-1）~式（5-16），计算不同粒级蛇纹石与水镁石颗粒在十二胺体系下的相互作用力 $V_{\mathrm{T}}^{\mathrm{ED}}$，考虑范德华力 V_{W}、静电力 V_{E}、水化斥力 V_{HR} 和疏水引力 V_{HA}，取 80μm、50μm、20μm、5μm 粒径蛇纹石和水镁石进行计算，80μm、50μm 与 20μm、5μm 粒径作用时采用球-板模型，20μm 与 5μm 粒径作用时采用球-板模型，其余采用球-球模型。蛇纹石和水镁石的 Hamaker 常数 $A_{蛇} = 7.30 \times 10^{-20}\mathrm{J}$，$A_{水镁} = 0.38 \times 10^{-20}\mathrm{J}$，在 pH 值为 10.5 时，蛇纹石和水镁石的动电位 $\zeta_{蛇} = -7\mathrm{mV}$，$\zeta_{水镁} = 3\mathrm{mV}$。在十二胺溶液中的界面张力分量为 $\gamma_{蛇}^{\mathrm{d}} = 66.7\mathrm{mJ/m^2}$，$\gamma_{蛇}^{-} = 40.77\mathrm{mJ/m^2}$，$\gamma_{水镁}^{\mathrm{d}} = 63.34\mathrm{mJ/m^2}$，$\gamma_{水镁}^{-} = 27.96\mathrm{mJ/m^2}$，计算结果如图 5-111~图 5-114 所示。

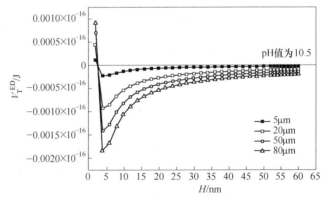

图 5-111　十二胺体系下 80μm 粒径水镁石与各粒径

蛇纹石作用 E-DLVO 势能曲线

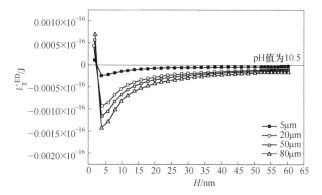

图 5-112 十二胺体系下 50μm 粒径水镁石与各粒径
蛇纹石作用 E-DLVO 势能曲线

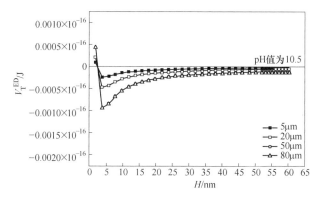

图 5-113 十二胺体系下 20μm 粒径水镁石与各粒径
蛇纹石作用 E-DLVO 势能曲线

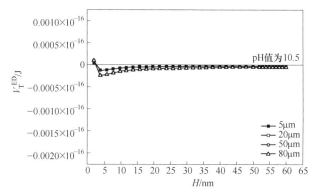

图 5-114 十二胺体系下 5μm 粒径水镁石与各粒径
蛇纹石作用 E-DLVO 势能曲线

由计算结果可以看出，随着水镁石与蛇纹石颗粒之间距离变小 E-DLVO 势能先是负值为吸引力并逐渐变大，在越过一个较小的势垒之后又转为正值即斥力并逐渐变大，随着颗粒变小作用能减弱。在各项作用能中，范德华作用能为负值，作用力为相互吸引，而静电作用能和水化排斥能为正值，作用力为相互排斥。颗粒之间平衡距离为4nm左右，与在油酸钠溶液中的情况相似。因此，在十二胺体系下蛇纹石与水镁石颗粒之间保持一定距离时能够保持平衡吸附状态。图 4-59 的试验中，在十二胺体系下水镁石与蛇纹石混合浮选时，由于水镁石和蛇纹石的回收率都不高，因此看不出明显的回收率变化。

5.7.2　白云石对水镁石浮选影响的机理分析

5.7.2.1　油酸钠体系下

根据扩展 DLVO 理论公式（5-1）~式（5-16），计算不同粒级白云石与水镁石颗粒在油酸钠体系下的相互作用力 V_T^{ED}，考虑范德华力 V_W、静电力 V_E、水化斥力 V_{HR} 和疏水引力 V_{HA}，取 80μm、50μm、20μm、5μm 粒径白云石和水镁石进行计算，80μm、50μm 与 20μm、5μm 粒径作用时采用球-板模型，20μm 与 5μm 粒径作用时采用球-板模型，其余采用球-球模型。白云石和水镁石的 Hamaker 常数 $A_白 = 13.75 \times 10^{-20}$J，$A_{水镁} = 0.38 \times 10^{-20}$J，在 pH 值为 10.5 时，白云石和水镁石的动电位 $\zeta_白 = -57$mV，$\zeta_{水镁} = -51$mV，在油酸钠溶液中的界面张力分量为 $\gamma_白^d = 1.27$mJ/m^2，$\gamma_白^- = 4.13$mJ/m^2，$\gamma_{水镁}^d = 48.92$mJ/m^2，$\gamma_{水镁}^- = 34.37$mJ/m^2，计算结果如图 5-115 ~ 图 5-118 所示。

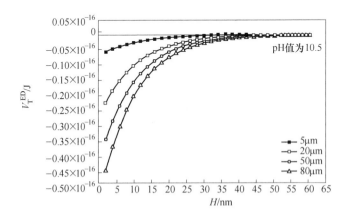

图 5-115　油酸钠体系下 80μm 粒径水镁石与各粒径
白云石作用 E-DLVO 势能曲线

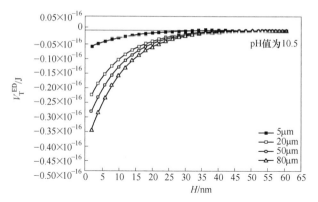

图 5-116 油酸钠体系下 50μm 粒径水镁石与各粒径
白云石作用 E-DLVO 势能曲线

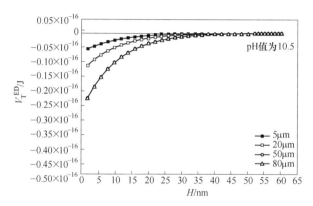

图 5-117 油酸钠体系下 20μm 粒径水镁石与各粒径
白云石作用 E-DLVO 势能曲线

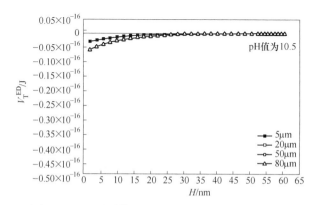

图 5-118 油酸钠体系下 5μm 粒径水镁石与各粒径
白云石作用 E-DLVO 势能曲线

　　由计算结果可以看出，水镁石与白云石之间的 E-DLVO 总势能为负，相互作用力为吸引力，随着水镁石与白云石颗粒之间距离变小 E-DLVO 总势能逐渐变大，随着粒度变小势能变小。因此，在油酸钠体系下水镁石与白云石之间容易发生吸附现象。在油酸钠体系下白云石与水镁石混合矿浮选试验结果如图 4-56 所示，由于细颗粒在粗颗粒表面有更大吸附空间并罩盖在粗颗粒表面，细粒白云石与粗粒水镁石混合时，水镁石回收率提高，而细粒水镁石与粗粒白云石混合时，白云石回收率下降，这与试验结果一致。通过扫描电镜观察水镁石与白云石浮选产品，镜下 SEM 图像如图 5-119 所示，可以看出水镁石与白云石之间确实发生了吸附。因此，吸附罩盖是水镁石与白云石交互作用的原因之一。

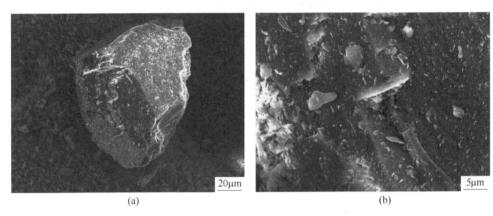

(a)　　　　　　　　　　　　　　　　　(b)

图 5-119　油酸钠体系下 -0.045mm 粒级水镁石与

0.067~0.1mm 粒级白云石的浮选产品 SEM 图像

(a) ×650；(b) ×3000

5.7.2.2　十二胺体系下

　　根据扩展 DLVO 理论公式 (5-1)~式 (5-16)，计算不同粒级白云石与水镁石颗粒在十二胺体系下的相互作用力 V_T^{ED}，考虑范德华力 V_W、静电力 V_E、水化斥力 V_{HR} 和疏水引力 V_{HA}，取 80μm、50μm、20μm、5μm 粒径白云石和水镁石进行计算，80μm、50μm 与 20μm、5μm 粒径作用时采用球-板模型，20μm 与 5μm 粒径作用时采用球-板模型，其余采用球-球模型。白云石和水镁石的 Hamaker 常数 $A_白 = 13.75 \times 10^{-20}$J，$A_{水镁} = 0.38 \times 10^{-20}$J，在 pH 值为 10.5 时，蛇纹石和水镁石的动电位 $\zeta_{白云} = -7$mV，$\zeta_{水镁} = 3$mV，在十二胺溶液中的界面张力分量为 $\gamma_{白云}^d = 1.27$mJ/m²，$\gamma_{白云}^- = 4.13$mJ/m²，$\gamma_{水镁}^d = 63.34$mJ/m²，$\gamma_{水镁}^- = 27.96$mJ/m²，计算结果如图 5-120~图 5-123 所示。

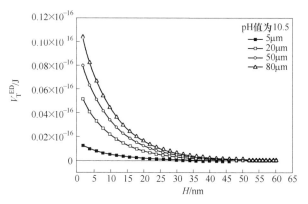

图 5-120　十二胺体系下 80μm 粒径水镁石与各粒径
白云石作用 E-DLVO 势能曲线

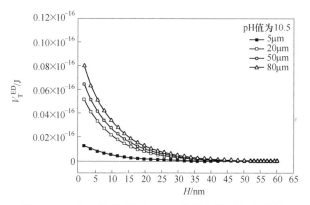

图 5-121　十二胺体系下 50μm 粒径水镁石与各粒径
白云石作用 E-DLVO 势能曲线

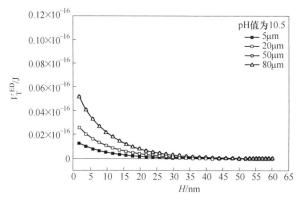

图 5-122　十二胺体系下 20μm 粒径水镁石与各粒径
白云石作用 E-DLVO 势能曲线

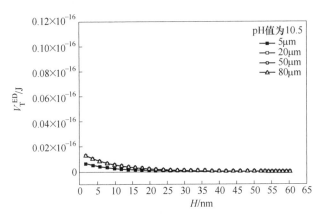

图 5-123   十二胺体系下 5μm 粒径水镁石与各粒径
白云石作用 E-DLVO 势能曲线

由计算结果可以看出，水镁石与白云石颗粒之间的 E-DLVO 总势能为正值，颗粒之间是斥力，总势能随着颗粒粒径变大或颗粒距离变小而变大。因此，白云石与水镁石之间不容易发生吸附，吸附罩盖不是十二胺体系下水镁石与白云石交互影响的原因。

5.7.3   白云石对蛇纹石浮选影响的机理分析

5.7.3.1   油酸钠体系下

根据扩展 DLVO 理论公式（5-1）~式（5-16），计算不同粒级白云石与蛇纹石颗粒在油酸钠体系下的相互作用力 V_T^{ED}，考虑范德华力 V_W、静电力 V_E、水化斥力 V_{HR} 和疏水引力 V_{HA}，取 80μm、50μm、20μm、5μm 粒径白云石和蛇纹石进行计算，80μm、50μm 与 20μm、5μm 粒径作用时采用球-板模型，20μm 与 5μm 粒径作用时采用球-板模型，其余采用球-球模型。白云石和蛇纹石的 Hamaker 常数 $A_白 = 13.75 \times 10^{-20} J$，$A_{蛇纹} = 7.3 \times 10^{-20} J$，在 pH 值为 10.5 时，白云石和蛇纹石的动电位 $\zeta_白 = -57mV$，$\zeta_蛇 = -50mV$。在油酸钠溶液中的界面张力分量为 $\gamma_白^d = 1.27mJ/m^2$，$\gamma_白^- = 4.13mJ/m^2$，$\gamma_蛇^d = 48.92mJ/m^2$，$\gamma_蛇^- = 34.37mJ/m^2$，计算结果如图 5-124~图 5-127 所示。

由计算结果可以看出，蛇纹石与白云石之间的 E-DLVO 总势能为正，相互作用力为斥力，随着蛇纹石与白云石颗粒之间距离变小 E-DLVO 总势能逐渐变大，随着粒度变小，势能变小。因此，在油酸钠体系下蛇纹石与白云石之间不容易发生吸附现象。因此，吸附罩盖不是油酸钠体系下白云石与蛇纹石交互影响的原因。

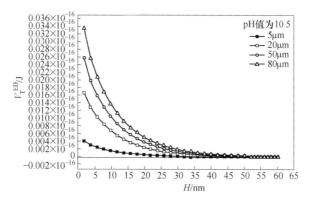

图 5-124　油酸钠体系下 80μm 粒径蛇纹石与各粒径
白云石作用 E-DLVO 势能曲线

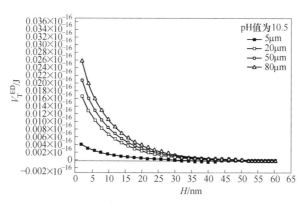

图 5-125　油酸钠体系下 50μm 粒径蛇纹石与各粒径
白云石作用 E-DLVO 势能曲线

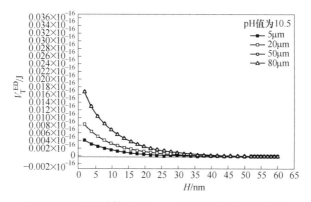

图 5-126　油酸钠体系下 20μm 粒径蛇纹石与各粒径
白云石作用 E-DLVO 势能曲线

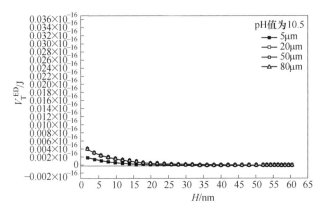

图 5-127　油酸钠体系下 5μm 粒径蛇纹石与各粒径
白云石作用 E-DLVO 势能曲线

5.7.3.2　十二胺体系下

根据扩展 DLVO 理论公式（5-1）~式（5-16），计算不同粒级白云石与蛇纹石颗粒在十二胺体系下的相互作用力 V_T^{ED}，考虑范德华力 V_W、静电力 V_E、水化斥力 V_{HR} 和疏水引力 V_{HA}，取 80μm、50μm、20μm、5μm 粒径白云石和蛇纹石进行计算，80μm、50μm 与 20μm、5μm 粒径作用时采用球-板模型，20μm 与 5μm 粒径作用时采用球-板模型，其余采用球-球模型。白云石和蛇纹石的 Hamaker 常数 $A_白$ = 13.75 × 10^{-20}J，$A_蛇$ = 1.54 × 10^{-20}J，在 pH 值为 10.5 时，蛇纹石和白云石的动电位 $\zeta_{白云}$ = − 7mV，$\zeta_蛇$ = − 7mV。在十二胺溶液中的界面张力分量为 $\gamma_{白云}^d$ = 1.27mJ/m^2，$\gamma_{白云}^-$ = 4.13mJ/m^2，$\gamma_蛇^d$ = 63.34mJ/m^2，$\gamma_蛇^-$ = 27.96mJ/m^2，计算结果如图 5-128~图 5-131 所示。

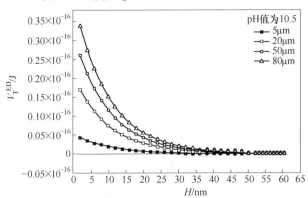

图 5-128　十二胺体系下 80μm 粒径蛇纹石与各粒径
白云石作用 E-DLVO 势能曲线

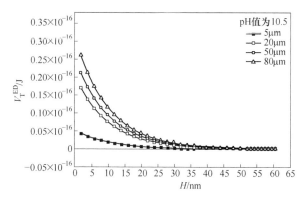

图 5-129 十二胺体系下 50μm 粒径蛇纹石与各粒径
白云石作用 E-DLVO 势能曲线

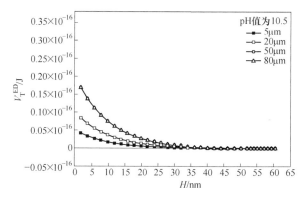

图 5-130 十二胺体系下 20μm 粒径蛇纹石与各粒径
白云石作用 E-DLVO 势能曲线

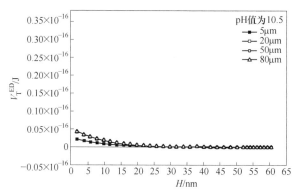

图 5-131 十二胺体系下 5μm 粒径蛇纹石与各粒径
白云石作用 E-DLVO 势能曲线

由计算结果可以看出，蛇纹石与白云石颗粒之间的 E-DLVO 总势能为正值，颗粒之间是斥力，总势能随着颗粒粒径变大或颗粒距离变小而变大。因此，白云石与蛇纹石之间不容易发生吸附。吸附罩盖不是十二胺体系下白云石与蛇纹石交互影响的原因。

5.8 矿物间相互作用能及作用力

在含镁矿物浮选体系中，矿物之间的交互影响既有颗粒之间相互作用力造成的直接影响，也有矿物在水溶液中溶解离子和矿物之间吸附作用造成表面转化带来的间接影响，以及药剂消耗的影响。当矿物间的作用力为吸引力时，矿物之间容易发生吸附罩盖现象，使发生吸附作用矿物的可浮性拉近。当矿物之间作用力为排斥力时，矿物的溶解离子和表面转化仍然可以对矿物的浮选回收率造成影响，矿物浮选中的交互影响往往是多种因素共同作用的结果。

为便于分析比较矿物间相互作用能及作用力大小对矿物浮选的影响，根据扩展 DLVO 理论计算出了不同矿物在油酸钠和十二胺浮选体系下，不同矿物颗粒之间的相互作用总势能及作用力，$80\mu m$ 颗粒矿物距离为 2nm 时的最大作用能（水镁石与蛇纹石取引力最大值）见表 5-11。由此得出在油酸钠体系下，颗粒间作用力为吸引力的矿物E-DLVO作用能大小顺序为：菱镁矿与白云石 > 菱镁矿与滑石 > 水镁石与白云石 > 石英与白云石 > 菱镁矿与石英 > 菱镁矿与蛇纹石 > 蛇纹石与水镁石；颗粒间作用为排斥力的矿物 E-DLVO 作用能大小顺序为：石英与蛇纹石 > 石英与滑石 > 蛇纹石与白云石。在十二胺体系下，颗粒间作用力为吸引力的矿物E-DLVO 作用能大小顺序为：石英与滑石 > 石英与蛇纹石 > 石英与白云石 > 水镁石与蛇纹石；颗粒间作用力为排斥力的矿物 E-DLVO 作用能大小顺序为：菱镁矿与蛇纹石 > 菱镁矿与滑石 > 菱镁矿与白云石 > 蛇纹石与白云石 > 水镁石与白云石 > 菱镁矿与石英。颗粒的粒径越大，相互之间的作用能就越强，颗粒相互作用能为引力的矿物之间容易发生吸附和罩盖，这种吸附罩盖带来的

表 5-11 油酸钠和十二胺体系下 6 种矿物之间的最大 E-DLVO 作用能   （J）

油酸钠体系 / 十二胺体系	菱镁矿	白云石	蛇纹石	滑石	水镁石	石英
菱镁矿	—	-1.60×10^{-17}	-0.29×10^{-17}	-1.40×10^{-17}	—	-0.34×10^{-17}
白云石	$+0.68\times10^{-17}$	—	$+0.034\times10^{-17}$		-0.45×10^{-17}	-0.35×10^{-17}
蛇纹石	$+0.90\times10^{-17}$	$+0.33\times10^{-17}$	—		-0.0015×10^{-17}	$+0.13\times10^{-17}$
滑石	$+0.80\times10^{-17}$			—		$+0.073\times10^{-17}$
水镁石	—	$+0.1\times10^{-17}$	-0.0018×10^{-17}		—	—
石英	$+0.0007\times10^{-17}$	-0.0029×10^{-17}	-0.56×10^{-17}	-0.77×10^{-17}	—	—

矿物之间的交互作用是影响矿物浮选分离的主要原因之一。在油酸钠体系下，菱镁矿与白云石之间的交互影响是由于吸附罩盖产生的，六偏磷酸钠能够削弱白云石对菱镁矿的不利影响是由于其分散效果降低了吸附罩盖的不利影响，六偏磷酸钠可以用于菱镁矿实际矿石，有助于实现菱镁矿与白云石的分离。油酸钠体系下水镁石与蛇纹石之间的交互影响是由于吸附罩盖和溶解离子的共同作用产生的，水玻璃能够削弱不利影响是由于分散作用，减轻了吸附罩盖，可以应用于实际矿石分选，但要严格控制其用量。

6 辽宁宽甸某低品级菱镁矿浮选试验

在前期单矿物试验和研究的基础上，对宽甸地区某低品级菱镁矿进行了浮选试验研究。该矿石的有用成分为菱镁矿，主要脉石矿物为石英、滑石、蛇纹石和白云石等含镁矿物。由单矿物和交互影响的研究结果可知，这些含镁矿物之间的相互吸附、罩盖和矿物溶解对浮选分离有重要的影响，因此要寻找合适的药剂制度和工艺流程降低这种不利影响，本章为此进行了试验研究。

由前期的单矿物试验和交互影响研究可知，十二胺对石英和硅酸盐矿物的捕收能力较好，而对菱镁矿的捕收能力相对较弱，并且在十二胺体系下菱镁矿与石英和蛇纹石之间的总 E-DLVO 作用能为正，相互作用力为斥力，不同矿物颗粒之间分散较好且不容易发生吸附、罩盖或团聚现象，这有利于浮选分离的实现，因此石英和硅酸盐矿物可以通过以十二胺为捕收剂的反浮选体系实现脱除。菱镁矿与白云石都属于含镁碳酸盐，其晶体结构相似，表面性质也接近。菱镁矿和白云石在十二胺体系中有一定的可浮性差异，且总 E-DLVO 作用能为正，两种矿物颗粒之间的作用力为斥力，但由于受矿浆中矿物溶解的离子的干扰，使两种矿物的表面性质接近，给浮选分离带来了困难，考虑通过降低矿浆中难免离子含量的方法可以优化分选效果。菱镁矿与白云石在油酸钠浮选体系中的可浮性均较好，在捕收剂油酸钠低用量条件下存在可浮性差异，但由于油酸钠体系下菱镁矿与白云石之间的总 E-DLVO 势能为负值，相互作用力为引力，不同矿物颗粒之间容易发生吸附、罩盖和团聚现象，因此需要合适的药剂来实现对矿物颗粒的分散，以实现浮选分离。六偏磷酸钠和水玻璃都是常用的具有分散效果的调整剂，六偏磷酸钠与 Ca^{2+} 的结合能力优于 Mg^{2+}，因此也是实现钙镁分离的很好抑制剂，而且根据交互影响研究结果发现，六偏磷酸钠能够削弱白云石对菱镁矿的抑制作用。另外，矿浆中的矿物溶解离子在矿物表面的吸附也会使两种矿石的表面性质接近，降低它们的可浮性差异，可以使用碳酸钠降低矿浆中的离子浓度，排除难免离子的干扰。

6.1 浮选提纯条件试验

根据对单矿物和交互影响的研究结果，确定菱镁矿与脉石矿物分离原则工艺流程如图 6-1 所示，该流程是通过反浮选脱硅-正浮选提镁实现菱镁矿与脉石矿物的分离。

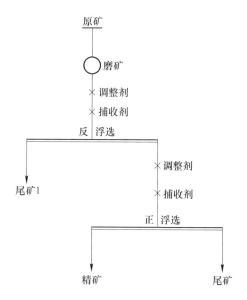

图 6-1 菱镁矿浮选原则工艺流程

对试验样品进行了浮选条件试验，以确定该低品级菱镁矿矿样浮选提纯的适宜药剂制度和操作条件。试验条件主要包括：磨矿细度、反浮选脱硅十二胺用量、水玻璃用量条件试验；正浮选菱镁矿碳酸钠用量、水玻璃用量、六偏磷酸钠用量、捕收剂 FL 用量等。

6.1.1 磨矿细度的影响

按图 6-2 所示流程进行磨矿细度条件试验，十二胺用量为 150g/t，2 号油用量为 10g/t。经一次粗选，磨矿细度浮选试验结果如图 6-3 所示。

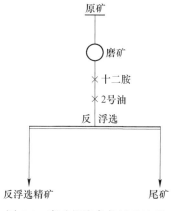

图 6-2 磨矿细度条件试验流程

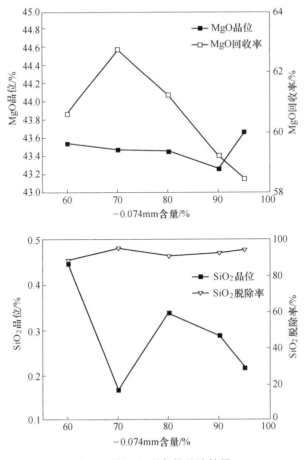

图 6-3　磨矿细度条件试验结果

图 6-3 中试验结果表明，当磨矿细度为小于 0.074mm 含量占 60%~95% 时，随着磨矿细度的增加，反浮选精矿的回收率先升高后降低，反浮选精矿的 SiO_2 脱除效果显著。当磨矿细度为小于 0.074mm 含量占 70% 时，反浮选精矿中 MgO 的回收率最高，SiO_2 品位最低。综合考虑，选取适宜的磨矿细度为小于 0.074mm 含量占 70%。

6.1.2　反浮选十二胺用量对菱镁矿浮选的影响

以十二胺作为反浮选的捕收剂，并对其用量做了条件试验，磨矿细度为小于 0.074mm 含量占 70%，2 号油用量为 10g/t，试验流程如图 6-2 所示，试验结果如图 6-4 所示。

图 6-4 中试验结果表明，随着十二胺用量的增加，反浮选精矿的 SiO_2 脱除率

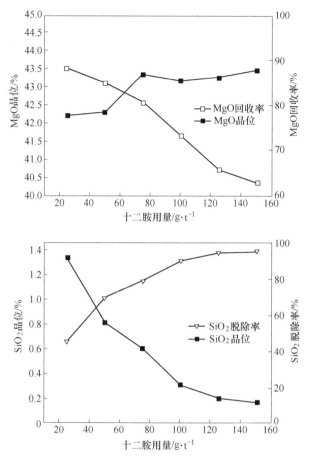

图 6-4 十二胺用量条件试验

也逐渐增加, 精矿中 MgO 回收率逐渐降低, 精矿中 MgO 品位先逐渐提高然后趋于稳定。当十二胺用量为 100g/t 时, 精矿中 SiO_2 脱除率可达 89.93%, SiO_2 品位仅为 0.32%, MgO 回收率为 73.08%。故确定十二胺适宜用量为 100g/t。

6.1.3 反浮选水玻璃用量对菱镁矿浮选的影响

水玻璃是一种无机胶体, 对石英和硅酸盐等脉石矿物有着良好的抑制作用, 同时水玻璃也是一种良好的分散剂。对水玻璃用量做了条件试验, 磨矿细度为小于 0.074mm 含量占 70%, 十二胺用量 100g/t, 2 号油用量 10g/t。试验流程如图 6-5 所示, 试验结果如图 6-6 所示。

水玻璃用量试验结果表明, 随着水玻璃用量的增加, 反浮选精矿中的 SiO_2 脱除率有一定提高, 但同时 MgO 回收率下降, 反浮选精矿中 MgO 品位略有提高。

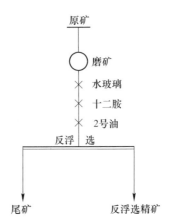

图 6-5　水玻璃用量试验流程

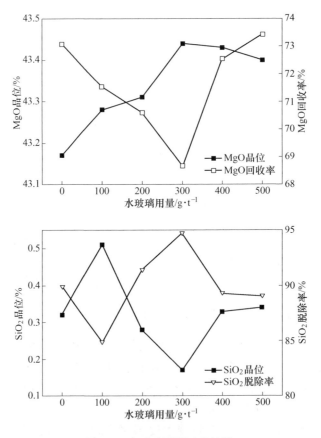

图 6-6　水玻璃用量试验结果

当水玻璃用量为 300g/t 时，MgO 品位为 43.44%，SiO$_2$ 品位为 0.17%，MgO 回收率为 68.65%，故水玻璃在十二胺反浮选中具有一定的效果。

6.1.4 正浮选碳酸钠用量对菱镁矿浮选的影响

碳酸钠作为 pH 值调整剂，不仅可以使矿浆 pH 值保持稳定，而且能降低矿浆中产生的难免阳离子对浮选的影响。对碳酸钠的用量做了条件试验，磨矿细度为小于 0.074mm 含量占 70%，十二胺用量 100g/t，2 号油用量 10g/t，水玻璃用量 1000g/t，六偏磷酸钠用量 260g/t，捕收剂 FL 用量 1000g/t。试验流程如图 6-7 所示，试验结果如图 6-8 所示。

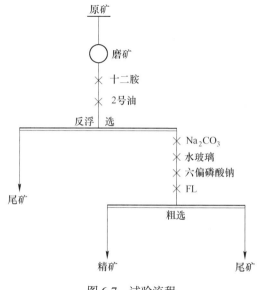

图 6-7 试验流程

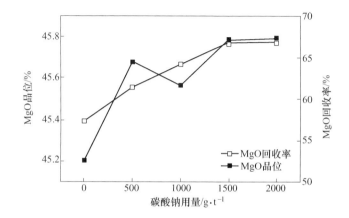

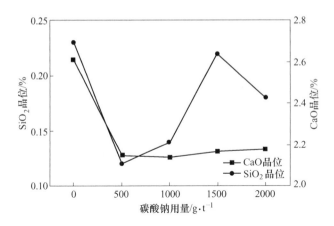

图 6-8　碳酸钠用量条件试验结果

随着碳酸钠用量的增加，矿浆 pH 值从 8.5 升高到 10.5。由碳酸钠用量条件试验结果可以看出，碳酸钠用量为 1500g/t 时，精矿中 MgO 品位由 45.2%提高到 45.8%，回收率也达到 66.8%，故确定碳酸钠适宜用量为 1500g/t。

6.1.5　正浮选水玻璃用量对菱镁矿浮选的影响

水玻璃是一种无机胶体，对石英和硅酸盐等脉石矿物有着良好的抑制作用，同时低用量时水玻璃也是一种良好的分散剂，本试验以 FL 作为正浮选的捕收剂，水玻璃作为有分散效果的抑制剂，对其用量做了条件试验。试验条件：磨矿细度为小于 0.074mm 含量占 70%，十二胺用量 100g/t，2 号油用量 10g/t，碳酸钠用量 1500g/t，六偏磷酸钠用量 260g/t，FL 用量 1000g/t。试验流程如图 6-7 所示，试验结果如图 6-9 所示。

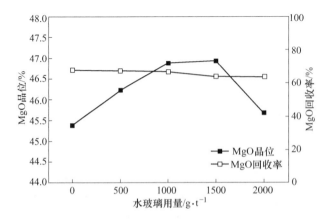

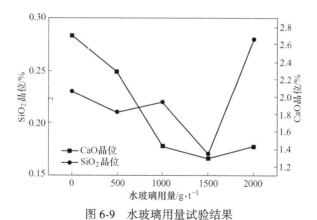

图 6-9 水玻璃用量试验结果

正浮选水玻璃用量的试验结果表明，随水玻璃用量的增加，正浮选精矿中 MgO 品位先升高后降低，MgO 回收率则逐渐降低，CaO 品位逐渐降低，SiO_2 品位稳定在 0.2% 左右。当水玻璃用量为 1000g/t 时，精矿中 MgO 品位可达 46.89% 和 MgO 回收率为 66.82%，此时精矿中 CaO 品位由不加水玻璃的 2.7% 降低至 1.43%，故确定水玻璃用量为 1000g/t。

6.1.6 正浮选六偏磷酸钠用量对菱镁矿浮选的影响

六偏磷酸钠（$(NaPO_3)_6$）实际上是多聚磷酸钠盐，结构中并不存在六元环，而是一种长链无机盐。六偏磷酸钠与 Ca^{2+} 的结合产物的溶解度小于与 Mg^{2+} 的结合产物的溶解度，因此更容易与 Ca^{2+} 结合，对白云石的抑制效果优于菱镁矿，可以作为菱镁矿浮选脱钙的抑制剂；同时六偏磷酸钠具有分散效果，前期交互影响研究表明，它可以降低菱镁矿与白云石颗粒之间的吸附罩盖给浮选带来的负面影响。对六偏磷酸钠的用量做了条件试验，试验条件：磨矿细度为小于 0.074mm 含量占 70%，十二胺用量 100g/t，2 号油用量 10g/t，碳酸钠用量 1500g/t，水玻璃用量 1000g/t，FL 用量 1000g/t。试验流程如图 6-7 所示，试验结果如图 6-10 所示。

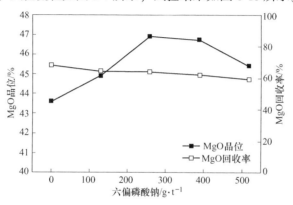

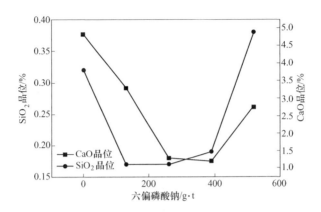

图 6-10　六偏磷酸钠用量试验结果

从图 6-10 可以看出，随着六偏磷酸钠用量增加，正浮选精矿的 MgO 品位先增加后减少，回收率逐渐降低。当六偏磷酸钠用量为 260g/t 时，精矿中 MgO 的品位为 46.93%，回收率为 64%，故确定适宜的六偏磷酸钠用量为 260g/t。

6.1.7　正浮选捕收剂 FL 用量对菱镁矿浮选的影响

本次正浮选采用的捕收剂 FL 为脂肪酸类阴离子捕收剂，具有耐低温、成本低的特点，与氧化石蜡皂、油酸钠等常规捕收剂相比浮选效果好。对 FL 的用量做了条件试验，试验条件：磨矿细度为 -0.074mm（-200 目）占 70%，十二胺用量 100g/t，2 号油用量 10g/t，碳酸钠用量 1500g/t，水玻璃用量 1000g/t，六偏磷酸钠用量 260g/t。试验流程如图 6-7 所示，试验结果如图 6-11 所示。

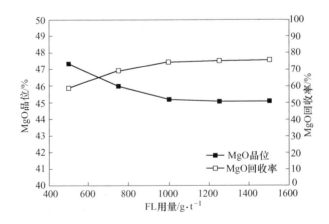

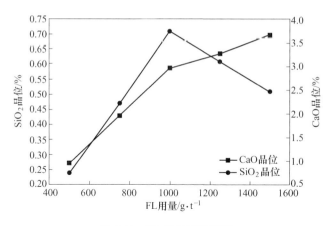

图 6-11 FL 用量试验结果

从试验结果可以看出，随着捕收剂 FL 用量的增加，正浮选精矿 MgO 品位逐渐降低，而 MgO 回收率则升高。当 FL 用量超过 1000g/t 以后，MgO 的回收率和品位的变化不大，此时精矿中 MgO 品位为 45.17%，回收率为 74.30%，故确定捕收剂 FL 适宜用量为 1000g/t。

6.2 开路流程

在条件试验基础上，选定最佳药剂制度，进行了开路流程试验，试验流程为一粗二精反浮选脱除含硅杂质和部分白云石、一粗二精正浮选进一步脱硅脱钙提镁，试验条件：磨矿细度为小于 0.074mm 含量占 70%，试验流程如图 6-12 所示，试验结果见表 6-1。

表 6-1 开路试验结果 （%）

产品名称	产率	品位			回收率		
		MgO	SiO₂	CaO	MgO	SiO₂	CaO
精矿	33.45	47.76	0.03	0.10	37.32	0.43	0.70
中矿Ⅳ	12.78	45.89	0.06	0.63	13.70	0.33	1.63
中矿Ⅲ	15.51	44.91	0.96	2.86	16.27	6.39	9.03
尾矿Ⅱ	16.37	31.48	1.67	20.78	12.04	11.73	69.28
中矿Ⅱ	5.29	41.11	4.58	6.03	5.08	10.40	6.50
中矿Ⅰ	5.98	40.51	6.39	5.68	5.66	16.40	6.92
尾矿Ⅰ	10.62	40.06	11.92	2.75	9.94	54.33	5.95
原矿	100.00	42.81	2.33	4.91	100.00	100.00	100.00

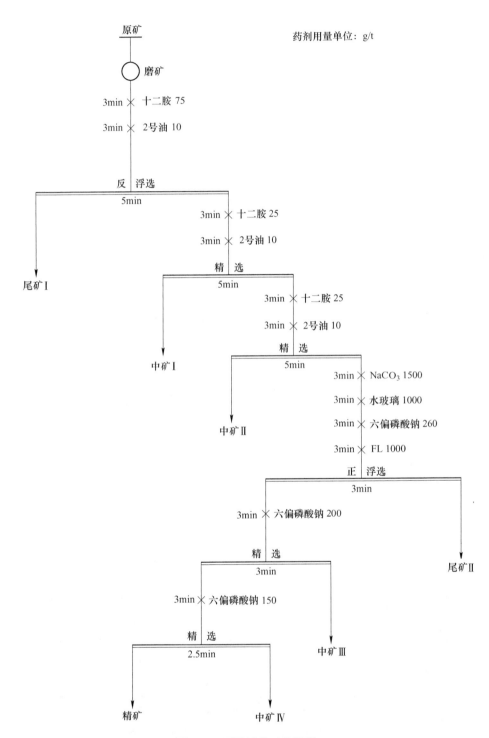

图 6-12 开路试验工艺流程

由表 6-1 结果可知,采用一粗二精反浮选脱硅——一粗二精正浮选提镁工艺流程,精矿中 MgO 的品位达到 47.76%、SiO_2 的品位降到了 0.03%,且 CaO 的品位降到了 0.10%。故采用一粗二精反浮选脱硅——一粗二精正浮选提镁工艺作为适宜的闭路试验工艺流程。

6.3 闭路流程

为了考察中矿返回后的回收情况,以及模拟工业化生产厂的生产情况,对该矿进行了一粗二精反浮选脱硅——一粗二精正浮选提镁工艺闭路流程试验。试验条件:磨矿细度为小于 0.074mm 含量占 70%,试验流程如图 6-13 所示,试验结果见表 6-2。

表 6-2 闭路试验结果 (%)

产品名称	产率	品 位			回收率		
		MgO	SiO_2	CaO	MgO	SiO_2	CaO
精矿	57.42	47.71	0.16	0.29	63.99	3.91	3.37
尾矿Ⅱ	21.3	31.68	2.57	18.39	15.76	23.48	79.77
尾矿Ⅰ	21.28	40.74	7.95	3.89	20.25	72.61	16.86
原矿	100	42.81	2.33	4.91	100.00	100.00	100.00
中矿Ⅰ	11.75	41.36	5.96	4.22	11.35	30.06	10.10
中矿Ⅱ	5.27	41.39	4.42	5.54	5.10	10.00	5.95
中矿Ⅲ	25.95	44.13	1.01	5.06	26.75	11.28	26.72
中矿Ⅳ	21.01	46.09	0.55	1.86	22.62	4.97	7.95

为了分析低品级菱镁矿中 MgO、SiO_2 以及 CaO 品位变化的走向,对 MgO、SiO_2 以及 CaO 的品位进行了数质量流程计算,结果如图 6-14 所示。

由表 6-2、图 6-14 结果可知,采用一粗二精反浮选脱硅——一粗二精正浮选提镁工艺流程,在适宜的药剂制度和操作条件下,由 MgO 品位为 42.81%、SiO_2 品位为 2.33%、CaO 品位为 4.91% 的原矿,可以获得 MgO 品位为 47.71%、SiO_2 品位为 0.16%、CaO 品位为 0.29%,MgO 回收率为 63.99% 的菱镁矿精矿。数质量流程计算结果表明本试验所采用的流程合理且高效,全流程脱硅率可达 96.09%,脱钙率可达 96.63%。

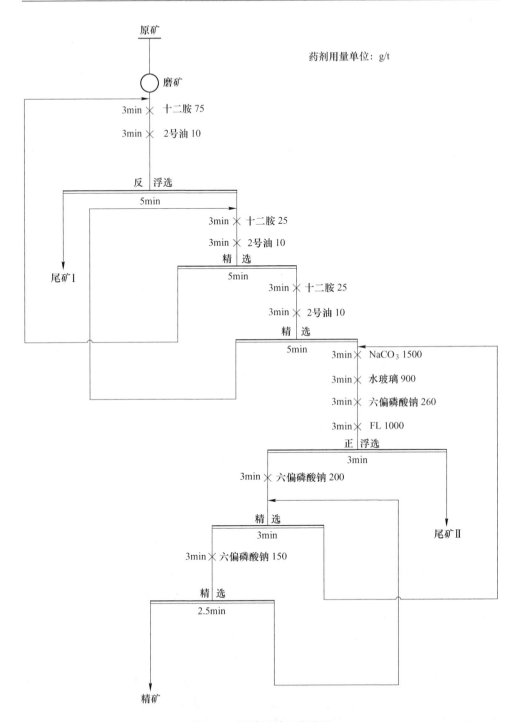

图 6-13 闭路试验工艺流程

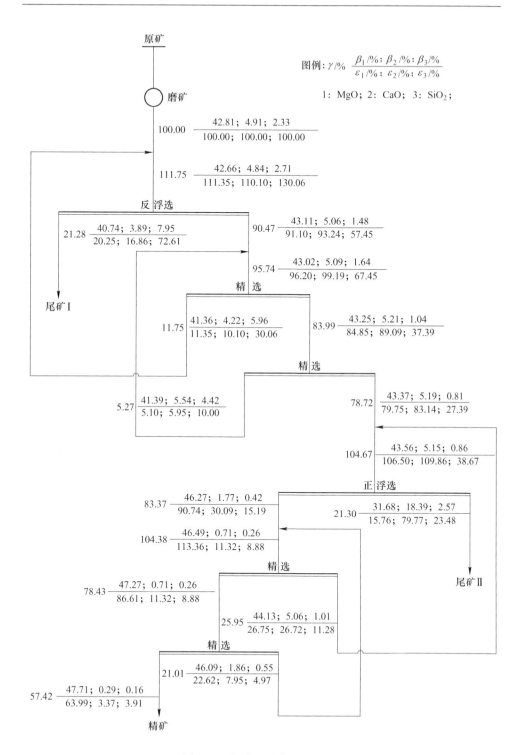

图6-14 闭路试验数质量流程

7 辽宁宽甸某低品级水镁石浮选试验

在前期单矿物试验和研究的基础上，对辽宁宽甸地区高硅低品级水镁石进行了实际矿石的浮选提纯试验研究。该矿石的有用成分为水镁石，主要脉石矿物为蛇纹石和白云石，其中含硅的蛇纹石为主要除去的杂质。交互影响的机理研究表明，水镁石和蛇纹石之间存在相互吸引的势能，容易发生吸附和罩盖现象，影响分选效果。由单矿物可浮性研究结果可知，在油酸钠体系下，水玻璃对水镁石有较好的活化效果，对蛇纹石有较好的抑制效果；而且交互影响研究表明，水玻璃能够削弱蛇纹石对粗粒级水镁石吸附罩盖带来的不利交互影响。在此研究基础上，为了寻找合适的药剂制度和工艺流程，以实现提镁降硅的目的，本章进行了进一步试验研究。

7.1 浮选提纯条件试验

7.1.1 磨矿时间的影响

为了研究磨矿时间与磨矿细度之间的关系，进行了磨矿时间试验，采用筒式球磨机考察了在不同磨矿时间下的矿样细度。磨矿条件：原矿150g，磨矿浓度70%。不同磨矿时间下产品的粒度见表7-1，磨矿时间与磨矿细度的关系曲线如图7-1所示。

表7-1 不同磨矿时间时磨矿产品的粒度

磨矿时间/min	3	4	5	6	7	9
−0.074mm 含量/%	48.93	55.73	68.27	77.13	85.73	95.27

7.1.2 磨矿细度的影响

选择适宜的磨矿细度，可以使矿石在较好的单体解离度和入选颗粒度下进行浮选，从而获得较好的选别指标。磨矿细度试验使用筒式球磨机进行，给矿量150g，磨矿浓度70%，给矿粒度为小于2.0mm，如图7-1所示。以磨矿细度曲线为依据改变原矿磨矿细度，取油酸钠用量700g/t浮选水镁石，按图7-2所示流程进行磨矿细度条件试验，经一次粗选，磨矿细度浮选结果如图7-3所示。

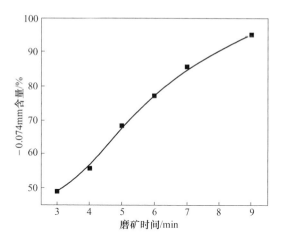

图 7-1 磨矿时间与磨矿细度的关系

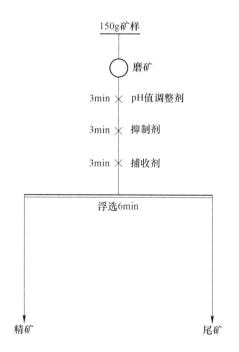

图 7-2 浮选试验流程

由图 7-3 可以看出，随着磨矿细度的增加，精矿中 SiO_2 的品位呈现逐渐升高的趋势，而精矿中水镁石和蛇纹石的回收率在小于 0.074mm 粒级含量占 75% 以前时逐渐升高，在小于 0.074mm 粒级含量占 75% ~ 85% 时回收率变化不明显；小于 0.074mm 粒级含量超过 85% 后，它们的回收率又明显升高。综合分析，确

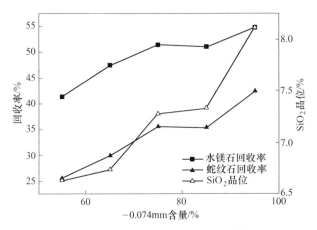

图 7-3　磨矿细度对浮选试验结果的影响

定最佳磨矿细度为小于 0.074mm 含量占 75%，磨矿时间为 5min42s。

7.1.3　油酸钠用量的影响

以油酸钠作为水镁石矿的捕收剂，并对其用量做了条件试验，试验流程如图 7-2 所示，试验结果如图 7-4 所示。

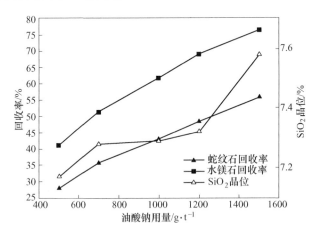

图 7-4　油酸钠用量对浮选试验结果的影响

由图 7-4 可见，随着油酸钠用量的增加，精矿中 SiO_2 的品位变化不明显，呈缓慢升高的趋势，精矿中水镁石和蛇纹石的回收率变化趋势相同。随着油酸钠用量的增加各指标随即升高，SiO_2 品位在油酸钠用量 700~1200g/t 之间变化不大，当油酸钠用量超过 1200g/t 以后，水镁石回收率上升变缓，SiO_2 的品位又开始上升。综合分析，选择油酸用量 1200g/t 为最佳的捕收剂用量。

7.1.4 调整剂对浮选的影响

7.1.4.1 水玻璃用量对水镁石浮选的影响

水玻璃是一种无机胶体，对石英和硅酸盐等脉石矿物有着良好的抑制作用，同时水玻璃也是一种良好的分散剂。前期交互影响研究结果表明，油酸钠体系下水镁石与蛇纹石之间的作用力为引力，容易发生吸附罩盖，而水玻璃可以削弱水镁石与蛇纹石之间的吸附罩盖作用，但要合理控制其用量。本试验以油酸钠作为水镁石的捕收剂，水玻璃作为分散剂和抑制剂，对用量做了条件试验，试验流程如图 7-2 所示。药剂制度：矿浆自然 pH 值为 10.2 左右，油酸钠用量为 1200g/t，其试验结果如图 7-5 所示。

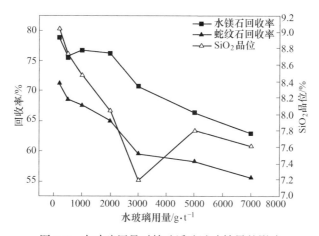

图 7-5 水玻璃用量对精矿浮选试验结果的影响

由图 7-5 可以看出，精矿中 SiO_2 的品位随水玻璃用量变化先降低后上升，精矿中水镁石和蛇纹石的回收率变化较明显。随着水玻璃用量的增加，水镁石的回收率先减小，然后趋于稳定，而蛇纹石的回收率一直减小；在水玻璃用量超过 2000g/t 以后，水镁石和蛇纹石的回收率又开始一起减小，在水玻璃用量 3000g/t 时 SiO_2 品位最低为 7.19%，水镁石和蛇纹石有较好的分离效果。由前期的交互影响研究可知，水镁石与蛇纹石的分离困难原因之一是其吸附罩盖效果，而在低用量时水玻璃的分散效果能削弱这种交互作用，扩大水镁石与蛇纹石的浮游差，实现两者的分离。

7.1.4.2 六偏磷酸钠用量对水镁石浮选的影响

六偏磷酸钠是常用的抑制剂和分散剂，对其用量进行了条件试验，试验流程如图 7-2 所示。药剂制度：矿浆自然 pH 值为 10.2 左右、油酸钠用量 1200g/t，其试验结果如图 7-6 所示。

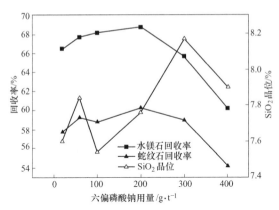

图 7-6　六偏磷酸钠用量对精矿浮选试验结果的影响

由图 7-6 可知，随着六偏磷酸钠用量的增加，精矿中 SiO_2 的品位变化不大。精矿中水镁石和蛇纹石的回收率随着六偏磷酸钠用量的增加先升高后降低，总体变化趋势一致，没有较大的浮游差，在六偏磷酸钠用量为 100g/t 时浮游差最大为 9.38%，SiO_2 品位为 7.54%。

7.1.4.3　单宁酸用量对水镁石浮选的影响

浮选工艺中，单宁酸（$C_{76}H_{52}O_{46}$）主要作为含钙、镁矿物的有效抑制剂。研究表明，单宁酸类分子是以化学吸附、氢键力及双电层静电力等方式与矿物表面作用，在矿物表面与捕收剂发生强烈的竞争吸附，或使捕收剂从矿物表面解析。本实验以油酸钠作为水镁石的捕收剂，单宁酸作为调整剂，对单宁酸用量做了条件试验，试验流程如图 7-2 所示。药剂制度：矿浆 pH 值为 11.0 左右、油酸钠用量 1200g/t，其试验结果如图 7-7 所示。

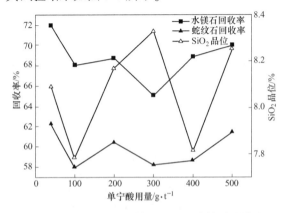

图 7-7　单宁酸用量对精矿浮选试验结果的影响

试验结果表明，单宁酸对水镁石浮选效果的影响波动较大，随着单宁酸用量的增加，精矿中 SiO_2 的品位和水镁石、蛇纹石的回收率的变化趋势不明显，呈波动状态；其中在单宁酸用量为 400g/t 时，水镁石和蛇纹石的回收率差值为 10.24%，SiO_2 品位为 7.81%。

7.1.4.4 柠檬酸用量对水镁石浮选的影响

柠檬酸广泛分布于植物界中，如柠檬、醋栗、覆盆子、葡萄汁等中，可从植物原料中提取，也可由糖进行柠檬酸发酵制得。本实验以油酸钠作为水镁石的捕收剂，柠檬酸作为调整剂，对柠檬酸用量做了条件试验，试验流程如图 7-2 所示。药剂制度：矿浆自然 pH 值为 10.2 左右、油酸钠用量 1200g/t。其试验结果如图 7-8 所示。

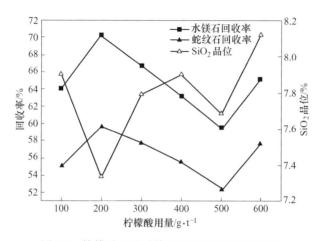

图 7-8 柠檬酸用量对精矿浮选试验结果的影响

试验结果表明，随着柠檬酸用量的增加，精矿中 SiO_2 的品位变化不大，而精矿中水镁石和蛇纹石的回收率先升高后降低，在柠檬酸用量超过 500g/t 以后又升高。其中，在柠檬酸用量为 200g/t 时，水镁石与蛇纹石的回收率之差为 10.59%，此时精矿中 SiO_2 品位为 7.33%。

7.1.4.5 淀粉用量对水镁石浮选的影响

淀粉是一种选矿中常用的大分子抑制剂，对淀粉的用量进行了条件试验，试验流程如图 7-2 所示。药剂制度：矿浆自然 pH 值为 10.2 左右、油酸钠用量 1200g/t，其试验结果如图 7-9 所示。

试验结果表明，随着淀粉用量的增加，精矿中 SiO_2 的品位先上升后下降，总体变化不大，而精矿中水镁石和蛇纹石的回收率则逐渐降低。其中，在淀粉用

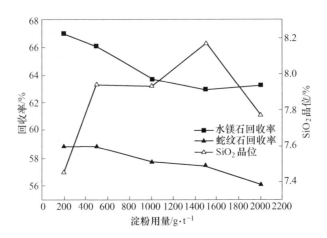

图 7-9　淀粉用量对精矿浮选试验结果的影响

量为 200g/t 时，水镁石与蛇纹石的回收率之差为 8.21%，此时精矿中 SiO$_2$ 品位为 7.45%。

7.1.4.6　碳酸钠用量对水镁石浮选的影响

碳酸钠可以作为分散剂或 pH 值调整剂。对碳酸钠的用量进行了条件试验，试验流程如图 7-2 所示。药剂制度：矿浆自然 pH 值为 10.2 左右、油酸钠用量 1200g/t，其试验结果如图 7-10 所示。

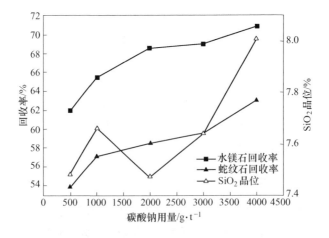

图 7-10　碳酸钠用量对精矿浮选试验结果的影响

试验结果表明，随着碳酸钠用量的增加，水镁石和蛇纹石的回收率都呈上升态势，精矿中 SiO_2 的品位也逐渐升高，水镁石和蛇纹石回收率的差值先扩大后缩小；其中，在碳酸钠用量为 2000g/t 时，水镁石与蛇纹石的回收率之差最大为 10.13%，此时精矿中 SiO_2 含量为 7.47%。碳酸钠对水镁石和蛇纹石的回收率有提高效果，其原因可能是降低了矿浆中的离子浓度，降低了捕收剂的消耗所致。

7.1.4.7 硝酸铅用量对水镁石浮选的影响

硝酸铅是一种金属阳离子活化剂，可以吸附在矿物表面提高矿物被捕收剂吸附的能力。对硝酸铅的用量进行了条件试验，试验流程如图 7-2 所示。药剂制度：矿浆自然 pH 值为 10.2 左右，油酸钠用量 1200g/t，水玻璃用量 3000g/t，其试验结果如图 7-11 所示。

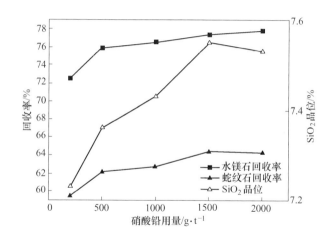

图 7-11 硝酸铅用量对精矿浮选试验结果的影响

试验结果表明，随着硝酸铅用量的增加，精矿中 SiO_2 的品位略有上升，总体变化不大，而精矿中水镁石和蛇纹石的回收率随着硝酸铅用量的增加逐渐升高。其中，在硝酸铅用量为 1000g/t 时，水镁石与蛇纹石的回收率之差较大为 13.85%，此时精矿中 SiO_2 品位为 7.43%。

7.2 开路流程

条件试验研究验证了水玻璃能够削弱水镁石与蛇纹石之间的交互作用，实现分离，是最佳的调整剂，因此根据前面确定的药剂制度和选别流程，进行了开路试验，试验流程为一粗一扫四精正浮选脱硅，磨矿细度为小于 0.074mm 含量占 75%，浮选流程如图 7-12 所示，试验结果见表 7-2 和表 7-3。

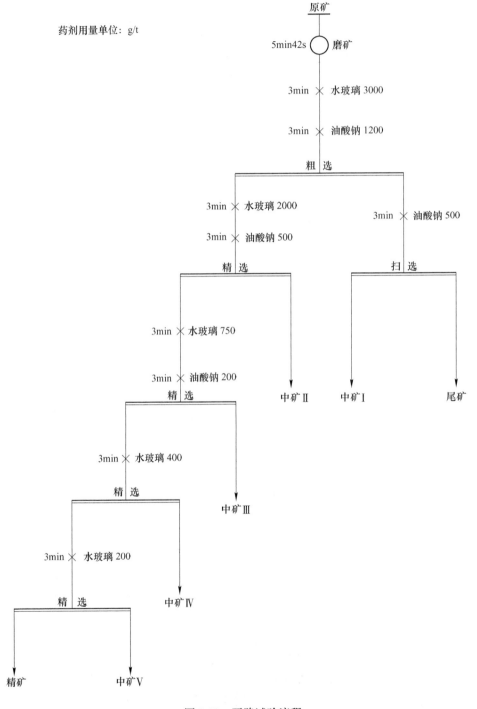

图 7-12 开路试验流程

表 7-2 开路试验结果 （%）

产品	品 位		回收率	
	MgO	SiO$_2$	MgO	SiO$_2$
精矿	59.29	2.53	30.86	7.75
中矿 I	57.03	8.49	13.19	11.54
中矿 II	59.27	14.07	14.43	20.13
中矿 III	60.68	11.30	12.45	13.63
中矿 IV	60.32	10.67	11.15	11.60
中矿 V	57.94	5.80	5.18	3.05
尾矿	53.05	22.86	12.74	32.29
原矿	58.32	9.92	100.00	100.00

表 7-3 精矿化学组成分析

元素名称	MgO	SiO$_2$	CaO	Fe$_2$O$_3$	Al$_2$O$_3$
含量（质量分数）/%	59.29	2.53	5.04	0.15	0.21

从上述结果可知，采用一粗一扫四精正浮选脱硅工艺流程，精矿中 SiO$_2$ 的品位由 9.92% 降到了 2.53%，精矿中 MgO 的品位达到了 59.29%。故采用一粗一扫四精正浮选脱硅工艺作为适宜的闭路试验工艺流程。

7.3 闭路流程

为了考察中矿返回后的回收情况，以及模拟工业化生产厂的生产情况，对该矿进行了一粗一扫四精正浮选脱硅工艺闭路流程试验。磨矿细度为小于 0.074mm 含量占 75%，工艺流程如图 7-13 所示，试验结果见表 7-4。

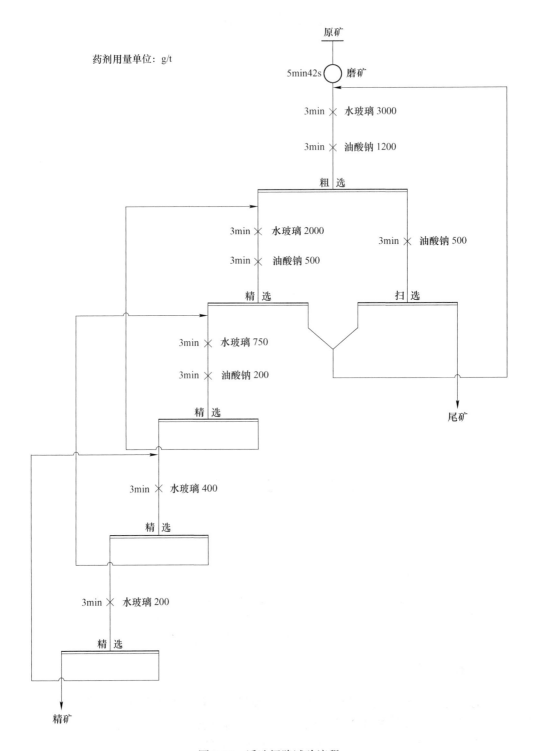

图 7-13 浮选闭路试验流程

表 7-4 闭路试验结果 　　　　　　　　（%）

产品名称	产率	品位		回收率	
		MgO	SiO$_2$	MgO	SiO$_2$
精矿	66.86	60.93	2.87	69.85	19.36
中矿 I	30.29	58.15	9.44	30.20	28.82
中矿 II	29.36	59.37	14.67	29.89	43.43
中矿 III	24.63	60.87	11.85	25.70	29.41
中矿 IV	25.10	60.54	11.45	26.06	28.98
中矿 V	12.29	59.85	6.15	12.61	7.62
尾矿	33.14	53.05	24.13	30.15	80.64
原矿	100	58.32	9.92	100	100

　　为了分析低品级菱镁矿中 MgO、SiO$_2$ 品位变化的走向，对 MgO、SiO$_2$ 的品位进行了数质量流程计算，结果如图 7-14 所示。

　　由表 7-4 和图 7-14 可知，采用一粗一扫四精正浮选脱硅工艺流程，在适宜的药剂制度和操作条件下，由 MgO 品位 58.32%、SiO$_2$ 品位 9.92% 的原矿，可以获得 MgO 品位 60.93%、SiO$_2$ 品位 2.87%，MgO 回收率为 69.85% 的水镁石矿精矿。数质量流程计算表明，本试验所采用的流程合理且高效，脱硅率可达 80.64%，正浮选过程则实现了硅镁矿物的分离。

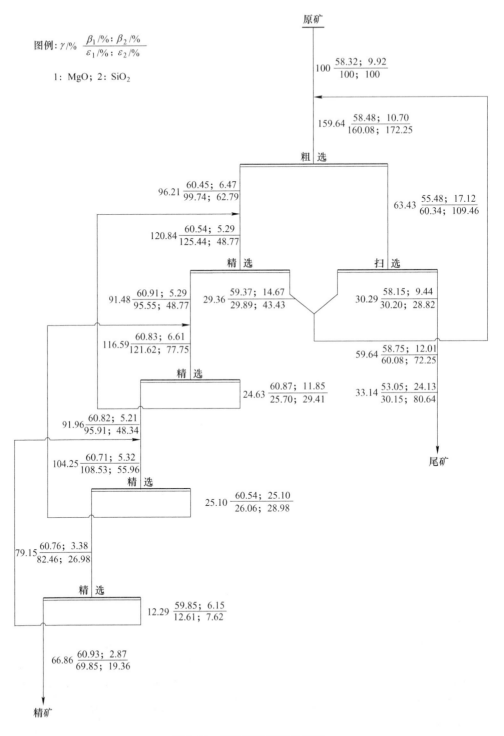

图 7-14　闭路试验数质量流程

参 考 文 献

[1] 郑水林, 袁继祖. 非金属矿加工技术与应用手册 [M]. 北京: 冶金工业出版社, 2005.

[2] 王兆敏. 中国菱镁矿现状与发展趋势 [J]. 中国非金属矿工业导刊, 2006 (5): 6~8.

[3] 陈肇友, 李红霞. 镁资源的综合利用及镁质耐火材料的发展 [J]. 耐火材料, 2005, 39 (1): 6~15.

[4] 郭如新. 镁资源、镁质化工材料现状与前景 [J]. 无机盐工业, 2012, 44 (10): 1~7.

[5] 陈开俊. 水镁石应用研究现状 [J]. 矿产保护与利用, 1996 (2): 33~35.

[6] 贾岫庄. 聚焦中国滑石 [J]. 中国非金属矿工业导刊, 2008 (1): 61~65.

[7] 全跃. 镁质材料生产与应用 [M]. 北京: 冶金工业出版社, 2008.

[8] 王彦军. 浅谈低品位菱镁矿浮选脱硅技术现状 [J]. 有色矿冶, 2020, 36 (1): 26~28.

[9] 于传敏. 低品位菱镁矿选矿脱硅技术研究 [J]. 轻金属, 2007 (1): 4~8.

[10] 张一敏. 低品级菱镁矿提纯研究 [J]. 金属矿山, 1990 (10): 39~42.

[11] 程建国, 余永富. 海城三级菱镁矿浮选提纯的研究 [J]. 矿冶工程, 1993 (4): 19~23.

[12] 周文波, 张一敏, 肖志东. 伊朗隐晶质菱镁矿磁浮联合选矿试验研究 [J]. 非金属矿, 2003, 26 (5): 43~45.

[13] 张一敏. 伊朗隐晶质菱镁矿分选提纯研究 [J]. 矿产保护与利用, 1999 (3): 32~34.

[14] Anastassakis G N. A study on the separation of magnesite fines by magnetic carrier methods [J]. Colloids and Surfaces A: Physicochemical and Engineering Aspects, 1999, 149 (1-3): 585~593.

[15] 夏云凯, 任子敏, 郭梦熊. 英落菱镁矿选矿试验研究 [J]. 有色金属, 1996, 48 (4): 39-44.

[16] 徐和靖, 李新泉. 用浮选柱分选菱镁矿 [J]. 国外选矿快报, 1996 (1): 12~18.

[17] 付亚峰, 印万忠, 肖烈江, 等. 辽宁海城某低品级菱镁矿脱硅脱钙除铁试验 [J]. 现代矿业, 2013 (531): 21~25.

[18] 李强. 基于晶体化学的含镁矿物浮选研究 [D]. 沈阳: 东北大学, 2011.

[19] 卢惠民, 薛问亚. 醚胺浮选菱镁矿新工艺的研究 [J]. 有色金属 (选矿部分), 1993 (1): 9~12, 32.

[20] Botero A E C, Torem M L, Mesquita L M S de. Surface chemistry fundamentals of biosorption of Rhodococcus opacus and its effect in calcite and magnesite flotation [J]. Minerals Engineering, 2008, 21 (1): 83~92.

[21] 陈公伦, 李晓安. 用十二烷基磷酸酯浮选分离菱镁矿与白云石研究 [J]. 矿产保护与利用, 1999 (6): 16~19.

[22] 王金良, 孙体昌, 刘一楠. 调整剂在菱镁矿石英反浮选分离中的作用研究 [J]. 中国矿业, 2008, 17 (10): 60~64.

[23] 周文波, 张一敏. 调整剂对隐晶质菱镁矿与白云石分离的影响 [J]. 矿产综合利用, 2002 (5): 21~23.

[24] Škvarla J, Kmet' S. Non-equilibrium electrokinetic properties of magnesite and dolomite deter-

mined by the laser-Doppler electrophoretic light scattering (ELS) technique. A solids concentration effect [J]. Colloids and Surfaces A: Physicochemical and Engineering Aspects, 1996, 111 (1~2): 153~157.

[25] Gence N, Ozbay N. pH dependence of electrokinetic behavior of dolomite and magnesite in aqueous electrolyte solutions [J]. Applied Surface Science, 2006, 252 (23): 8057~8061.

[26] Gence N. Wetting behavior of magnesite and dolomite surfaces [J]. Applied Surface Science, 2006, 252 (10): 3744~3750.

[27] 宋振国, 孙传尧. 磨矿介质对两种碳酸盐浮选的影响 [J]. 有色金属: 选矿部分, 2009 (3): 26~28, 33.

[28] 李晓安. 十二烷基磷酸酯浮选分离菱镁矿与白云石的作用机理研究 [J]. 金属矿山, 2000 (5): 36~37.

[29] 波特罗 A E C, 李长根, 雨田. *Rhodococcus opacus* 菌作为方解石和菱镁矿生物捕收剂的基础研究 [J]. 国外金属矿选矿, 2008 (1): 17~21.

[30] 田鹏杰, 陈洲, 潘克俭, 等. 菱镁矿浮选作用机理研究 [J]. 有色矿冶, 2008, 24 (6): 21~24.

[31] 张志京, 毛矩凡. 油酸钠在菱镁矿浮选中作用的研究 [J]. 武汉工业大学学报, 1993 (1): 64~69.

[32] 李强, 孙明俊, 印万忠, 等. 菱镁矿浮选特性研究 [J]. 金属矿山, 2010 (413): 91~95.

[33] Lu Y P, Zhang M Q, Feng Q M. Effect of sodium hexametaphosphate on separation of serpentine from pyrite [J]. Transactions of Nonferrous Metals Society of China, 2011 (1): 208~213.

[34] 卢毅屏, 张明强, 冯其明, 等. 蛇纹石与黄铁矿间的异相凝聚/分散及其对浮选的影响 [J]. 矿冶工程, 2010 (6): 42~45.

[35] 卢毅屏, 龙涛, 冯其明, 等. 微细粒蛇纹石的可浮性及其机理 [J]. 中国有色金属学报, 2009 (8): 1493~1497.

[36] 王虹, 邓海波. 蛇纹石对硫化铜镍矿浮选过程影响及其分离研究进展 [J]. 有色矿冶, 2008 (4): 19~23.

[37] 唐敏, 张文彬. 流程结构的选择对微细粒铜镍硫化矿的浮选影响 [J]. 矿冶, 2008 (3): 4~9.

[38] 唐敏, 张文彬. 微细粒铜镍硫化矿浮选的疏水絮凝机制研究 [J]. 稀有金属, 2008 (4): 506~512.

[39] 唐敏, 张文彬. 在微细粒铜镍硫化矿浮选中蛇纹石类脉石矿物浮选行为研究 [J]. 中国矿业, 2008 (2): 47~51.

[40] 唐敏, 张文彬. 低品位铜镍硫化矿浮选中蛇纹石的行为研究 [J]. 昆明理工大学学报 (自然科学版), 2001 (3): 74~77.

[41] 李治华. 含镁脉石矿物对镍黄铁矿浮选的影响 [J]. 中南大学学报 (自然科学版), 1993 (1): 36~44.

[42] 王德燕, 戈保梁. 硫化铜镍矿浮选中蛇纹石脉石矿物的行为研究 [J]. 有色矿冶, 2003 (4): 15~17.

[43] 刘超, 陈志强, 罗传胜, 等. 某富含蛇纹石的低品位难选铜镍矿选矿工艺研究 [J]. 有色金属 (选矿部分), 2020 (4): 56~62, 75.

[44] 胡显智, 张文彬. 金川镍铜矿精矿降镁研究与实践进展 [J]. 矿产保护与利用, 2003 (1): 34~37.

[45] 邱显扬, 俞继华, 戴子林. 镍黄铁矿浮选中抑制剂的作用 [J]. 广东有色金属学报, 1999 (2): 86~89.

[46] 黄开国, 陈万雄, 彭先淦, 等. 一种低品位镍矿石的浮选工艺 [J]. 中国有色金属学报, 1999 (3): 601~605.

[47] 皮特罗邦 M C, 格兰奴 S R, 索宾雷杰 S, 等. 西澳大利亚镍矿石中镍黄铁矿和含 MgO 脉石矿物的分选方法 [J]. 国外选矿快报, 1998 (5): 5~10.

[48] 基尔雅瓦伊能 V, 张心平. 控制蛇纹石矿石中硫化矿浮选因素的研究 [J]. 国外金属矿选矿, 1998 (1): 3~9.

[49] 冯其明, 张国范, 卢毅屏. 蛇纹石对镍黄铁矿浮选的影响及其抑制剂研究现状 [J]. 矿产保护与利用, 1997 (5): 19~22.

[50] 丁浩, 何少能, 崔婕, 等. 以 FL 作捕收剂浮选分离水镁石和蛇纹石的研究 [J]. 矿产综合利用, 1993 (2): 5~8.

[51] 别拉尔迪斯科 G, 李长根, 林森. 在酸性介质中从含橄榄石和蛇纹石矿石中浮选铬铁矿 [J]. 国外金属矿选矿, 2004 (10): 12~18.

[52] 福马西罗 D, 王兢, 张覃, 等. Cu(Ⅱ) 和 Ni(Ⅱ) 在石英、蛇纹石和绿泥石浮选中的活化作用 [J]. 国外金属矿选矿, 2006 (10): 16~20.

[53] 叶海 A, 陈东. 从滑石-碳酸盐矿石中分离适用于不同工业用途的滑石精矿 [J]. 国外金属矿选矿, 2000 (5): 31~33.

[54] 郭梦熊, 王续良. 药剂对滑石浮选的影响 [J]. 非金属矿, 1990 (2): 20~24.

[55] Andrews P R A, 柳衡琪. 魁北克滑石矿半工业浮选试验 (一) [J]. 中国宝玉石, 1990 (4): 13~16.

[56] Andrews P R A, 柳衡琪. 魁北克滑石矿半工业浮选试验 (二) [J]. 中国宝玉石, 1990 (5): 18~21.

[57] 章云泉. 广东某滑石矿提纯工艺的初步研究 [J]. 非金属矿, 1992 (1): 11~15.

[58] 邢方丽, 肖宝清. 新疆某低品位铜镍矿选矿试验研究 [J]. 有色金属 (选矿部分), 2010 (1): 20~25.

[59] 刘谷山, 冯其明, 张国范, 等. 某铜镍硫化矿浮选脱除滑石的研究 [J]. 金属矿山, 2005 (9): 35~38.

[60] 刘广龙. 滑石-碳酸盐化硫化镍矿石浮选工艺研究 [J]. 中国矿山工程, 2005 (6): 11~15.

[61] 董兴旺, 刘俊, 郑力, 等. 铜镍硫化矿浮选预脱泥的试验研究 [J]. 矿产保护与利用, 2003 (2): 28~30.

[62] 董燧珍. 含滑石钼矿的选别工艺试验研究 [J]. 矿产综合利用, 2006 (1): 7~12.

[63] 张小云, 黎铉海. 辉钼矿与滑石的分选试验 [J]. 湖南有色金属, 1997 (1): 15~16.

[64] 常晓荣, 张益魁. 青海省祁连县草大坂滑石菱镁矿选冶中间试验 [J]. 非金属矿, 1995 (5): 17~20.

[65] 郑水林. 溶液表面张力变化对石墨和滑石浮选行为的影响 [J]. 武汉理工大学学报, 1991 (1): 78~82.

[66] 许耶敏, 刘凤春, 杨新春. 浮选法从海阳滑石矿中去除石墨杂质 [J]. 非金属矿, 1991 (4): 31~32.

[67] 林斯 F F, 刘永强. 滑石的团聚与盐浮选 [J]. 国外金属矿选矿, 1997 (7): 34~39.

[68] 梁永忠, 薛问亚. 无捕收剂条件下亲水性菱镁矿微细粒的浮选行为 [J]. 矿产综合利用, 1994 (4): 1~4.

[69] 梁永忠, 薛问亚. 滑石浮选泡沫稳定性及浮选行为研究 [J]. 非金属矿, 1994 (4): 21~23.

[70] 潘高产, 卢毅屏, 冯其明, 等. 羧甲基纤维素钠对滑石可浮性及分散性的影响 [J]. 金属矿山, 2010 (6): 96~100.

[71] 马 X, 张裕书, 雨田. 木质素磺酸盐对滑石可浮性的影响 [J]. 国外金属矿选矿, 2008 (3): 28~33.

[72] 比蒂叶 D A, 李长根, 崔洪山. 吸附的多糖和丙烯酰胺对滑石浮选的影响 [J]. 国外金属矿选矿, 2006 (7): 21~28.

[73] 冯其明, 刘谷山, 喻正军, 等. 铁离子和亚铁离子对滑石浮选的影响及作用机理 [J]. 中南大学学报 (自然科学版), 2006 (3): 476~480.

[74] 刘谷山, 冯其明, 欧乐明, 等. 铜离子和镍离子对滑石浮选的影响及作用机理 [J]. 硅酸盐学报, 2005 (8): 1018~1022.

[75] 王 J, 罗科华, 王荣生, 等. 古尔胶在固-液界面上的吸附机理 [J]. 国外金属矿选矿, 2006 (4): 30~33.

[76] 莫里斯 G E, 谭程鹏, 李长根. 滑石-水界面上的聚合物抑制剂: 吸附等温线、微量浮选和动电研究 [J]. 国外金属矿选矿, 2003 (3): 12~19.

[77] 肖特里奇 P G, 向平, 肖力子. 多糖抑制剂的化学成分和分子量对滑石浮选的影响 [J]. 国外金属矿选矿, 2002 (8): 29~34.

[78] 李典. 吉林省集安县水镁石蛇纹石综合利用研究 [J]. 中国非金属矿工业导刊, 1987 (2): 28~30.

[79] Peng Y J, Zhao S L. The effect of surface oxidation of copper sulfide minerals on clay slime coating in flotation [J]. Minerals Engineering, 2011, 24 (15): 1687~1693.

[80] 穆枭. 三相泡沫稳定性与消泡研究 [D]. 长沙: 中南大学, 2005.

[81] Trahar W J. A rational interpretation of the role of particle size in flotation [J]. International Journal of Mineral Processing, 1981, 8 (4): 289~327.

[82] 罗溪梅. 含碳酸盐铁矿石浮选体系中矿物的交互影响研究 [D]. 沈阳: 东北大学, 2014.

[83] Gülgönül I, Karagüzel C, Celik M S. Surface vs. bulk analyses of different feldspars and their

significance to flotation [J]. International Journal of Mineral Processing, 2008, 86 (1-4): 68~74.

[84] 刘炯天, 王永田. 自吸式微泡发生器充气性能研究 [J]. 中国矿业大学学报, 1998, 27 (1): 27~30.

[85] 李小兵, 郭杰, 刘炯天. 浮选气泡制造技术进展 [J]. 选煤技术, 2003 (6): 60~62.

[86] 赵昱东. 浮选设备的新进展 [J]. 矿山机械, 2010, 38 (16): 1~5.

[87] 张强. 用填充介质浮选柱选别铁矿石时主要操作因素的影响 [J]. 国外金属矿选矿, 1990 (3): 1~5.

[88] 卢寿慈, 翁达. 界面分选原理与应用 [M]. 北京: 冶金工业出版社, 1992.

[89] 邱冠周, 胡岳华, 王淀佐. 颗粒间相互作用与细粒浮选 [M]. 长沙: 中南大学出版社, 1993.

[90] 朱阳戈, 张国范, 冯其明, 等. 微细粒钛铁矿的自载体浮选 [J]. 中国有色金属学报, 2009 (3): 554~560.

[91] 邱冠周, 胡为柏, 金华爱. 微细粒黑钨矿的载体浮选 [J]. 中南矿冶学院学报, 1982 (3): 24~31.

[92] Fuerstenau D W, 李晓沙. 用剪切絮凝和载体浮选法提高细粒赤铁矿浮选回收率 [J]. 国外金属矿选矿, 1993 (3): 1~8.

[93] 杨久流, 罗家珂, 王淀佐. 微细粒黑钨矿选择性絮凝工艺中调整剂的研究 [J]. 矿冶工程, 1995 (4): 26~30.

[94] 张明, 刘明宝, 印万忠, 等. 东鞍山含碳酸盐难选铁矿石分步浮选工艺研究 [J]. 金属矿山, 2007 (9): 62~64.

[95] 李正勤. 晶体化学基本原理在浮选中的应用 [J]. 湖南有色金属, 1985 (3): 18~22.

[96] 卢毅屏, 张明强, 冯其明, 等. 蛇纹石与黄铁矿间的异相凝聚/分散及其对浮选的影响 [J]. 矿冶工程, 2010 (6): 42~45.

[97] 邵美成. 鲍林规则与键价理论 [M]. 北京: 高等教育出版社, 1993.

[98] 李治华. 含镁脉石矿物对镍黄铁矿浮选的影响 [J]. 中南大学学报 (自然科学版), 1993 (1): 36~44.

[99] 胡岳华, 邱冠周, 王淀佐. 细粒浮选体系中扩展的 DLVO 理论及应用 [J]. 中南矿冶学院学报, 1994, 25 (3): 310~314.

[100] 胡岳华, 邱冠周, 王淀佐. 细粒浮选体系中界面极性相互作用理论及应用 [J]. 中南矿冶学院学报, 1993, 24 (6): 749.